김치나무에 핀 행복

불영이 버무린
절집김치 이야기

김치나무에 핀 행복

행복을 나누어 주는 일운

담앤북스

머리말

두 번째의 사찰음식 책을 펴내면서…

지금 이 순간 숨쉴 수 없다면 우리는 존재하지 않습니다.
지금 이 순간 함께이지 않다면 또한 존재하지 않는 것입니다.
지금 이 순간은 과거도 미래도 아니지만,
우리의 생각은 과거에 살기도 미래에 살기도 합니다.
이것이 바로 지금 현재 살아 있다 느끼는 우리들의 모습입니다.

불영사 천축선원

불영사 천축선원 담장 밑으로 천년을 함께해 온 숨소리가 있습니다. 우리는 무언가를 경험할 때 그 하나의 세계 속에 담긴 수천, 수억의 세계를 받아들이는 열림이 없어서 늘 반복되는 고통 속에 살고 있습니다.

현재에 집중하지 못해 다가오지 않은 미래에 대해 두려워하고 지나가 버린 과거의 추억과 후회들로 삶의 대부분을 채워 가고 있진 않으십니까? 가까이서 늘 함께해 온 것들로부터 행복과 감사함을 느끼기엔 우리는 너무나 멀리서 현재의 만족을 찾고 있는지도 모릅니다.

이번 사찰음식 책은 불교의 역사 속에서 오랜 세월 우리들의 문화를 받아들이며 함께 발전해 온 발효음식 김치를 주제로, 불영사 천축선원의 안거 수행과 더불어 소개하고자 합니다.

김치의 효능

김치에 대한 효능과 김치가 숙성되는 과정에서의 유산균이 인체에 얼마나 유익한지는 너무나 잘 아는 사실이지만, 굳이 이야기로 풀어 가고자 한 것은 사계절 내내 다른 맛과 모습으로 우리들의 건강을 책임지는 김치를 통해, 단순히 늘 먹는 음식이라는 개념을 떠나 그 하나하나의 소중함과 그것을 대하는 우리들의 마음가짐을 다시 한 번 되새겨 보고 싶어서입니다.

사실 자연을 그대로 담은 음식은 인연따라 저절로 각자 고유의 맛을 내기 때문에 음식을 만드는데 정확한 방법이란 있을 수 없습니다. 사람들의 생김 생김이 다 다르듯 음식 또한 마찬가지이기 때문입니다.

똑같은 양념으로 익힌 김치도 그때의 배추에 따라서, 시간에 따라서, 온도에 따라서, 버무린 사람의 정성에 따라서, 누군가의 입에는 달게, 누군가의 입에는 쓰게, 누군가의 입에는 짜게, 누군가의 입에는 맛있게 느껴지는 것 또한 속일 수 없는 자연의 법칙입니다. 이처럼 사찰음식엔 어떠한 기술과 방법을 떠나 우주와 생명에 대한 겸허함이 그대로 녹아 있다 할 수 있습니다.

| 사찰의 음식문화 그리고 안거 |

사찰에 음식문화가 정착하게 된 것은 대승불교의 시작으로 볼 수 있습니다. 처음 부처님 당시의 수행자들은 일곱 집을 차례대로 걸식乞食함으로써 평등한 마음과 청빈한 무소유의 삶을 실천하였기 때문에 따로이 음식을 만들어 먹을 필요가 없었습니다.

그러나 그 후 불교가 각 나라로 전파되면서 그 나라의 기후, 문화, 풍습과 함께 다양한 모습으로 변화를 겪으며 수용되었고, 그에 따라 중국과 우리나라에선 걸식이 자리잡기 어렵게 되었습니다. 그래서 현재 한국의 사찰에서는 일정 기간의 안거安居를 통해 많은 스님들이 대중 가운데 모여 법다운 공양을 함으로써 일상생활 속에서 음식에 대한 청정함을 수행으로 이어가고 있습니다. 한 방울의 물에 담긴 생명조차 평등한 마음으로 존중함으로써, 그 생명을 통해 보리의 마음을 일으켜 온 법계에 회향함은 모두를 하나로 연결시키는 승가僧家의 아름다운 정신인 것입니다.

안거는 본디 부처님 당시 유행遊行하며 수행하던 승려들이 우기雨期를 피해 일정 기간 함께 모여 수행하는 것을 받아들인 것으로, 불영사 천축선원에서도 그 관습과 정신을 이어 일 년에 네 번의 안거를 열고 있습니다. 음력 2월 초하루를 시작으로 봄·가을은 두 달간, 여름·겨울은 석 달간 스님들이 함께 모여 수행하고 있으며, 각 안거 사이에 보름간의 만행을 통해 자신의 위치를 점검하는 시간을 갖고 있습니다.

함께 수행할 수 있다는 건 곧 자신을 시작으로 모두를 위해 너무도 당연한 일이라 생각합니다. 1997년부터 일 년간 지금 현재 선원인 천축선원을 새로이 신축하고, 일 년 중 열 달간 선방을 여는 이유 또한 여기에 있습니다. 음식을 점검하고 도량을 외호外護하는 것 역시 저에게는 삶 속에 깨어 있는 하나의 수행이었습니다.

요즘 현대인들은 편리해진 생활과 발전된 문화 속에서도 많은 스트레스와 우울증, 각종 질병으로 힘들어하고 있습니다. 자연을 거스르고 생명을 함부로 한 에너지가 결국은 우리 모두의 책임으로 되돌아오기 때문입니다.

| 감사하는 마음으로 |

끝으로 『불영이 감춘 스님의 비밀레시피』에 이어 이 책이 출간되기까지 각자의 위치에서 최선을 다해 준 모든 소임자 스님들과 편집을 맡아 준 나의 든든한 제자 여친如親 스님, 그리고 처음부터 끝까지 믿고 함께 애쓰고 기뻐해 준 사랑하는 우리 불영사 신도님들의 소중한 한 마음 한 마음에 고개 숙여 감사드리며, 모든 사람들의 가슴에 행복이 전달될 수 있도록 책의 결실을 맺게 해 준 담앤북스 오세룡 사장님께도 또한 감사의 말씀을 전합니다.

밥상에 오른 배추가 숨을 쉽니다. 거기엔 불영사의 하늘과 땅과 물, 바람 등 그 어느 것 하나 빠짐 없이 함께하기 때문입니다. 그래서 저는 이 음식을 통해 모두의 몸과 마음이 행복해질 수 있다 믿습니다. 이 믿음이 널리 퍼지고 또 퍼져 모든 이들의 가슴에 청정한 세상이 펼쳐지길 두 손 모아 발원합니다.

불기 2556(2012)년 하안거 결제 중
녹차 향 가득한 응향각에서

주지 심전心田 일운一耘 합장

봄안거 recipe

여름안거 recipe

가을안거 recipe

겨울안거 recipe

천축선원 안거 이야기

결제 · 해제 공사

불교가 생겨난 지 2600년이 흐른 지금, 선불교를 중시하는 우리나라에서는 안거제도가 부처님의 가르침을 실천하는 방법 중 하나로 한국불교의 정체성을 각인시켜 주는 중요한 역할을 하고 있다. 부처님 당시 인도에서는 몬순기후 영향으로 우기가 되면 물이 범람하여 돌아다니며 수행하기가 어려울 뿐만 아니라 대지에 사는 작은 미물들을 죽일 염려 또한 있어, 여름 석 달간 한 장소에 머물러 수행할 수 있도록 부처님께서 허락하신 것이 안거의 기원이 된다. 그 후 시대별 지역별 나라별로 여러 변천 과정을 거치면서 우리나라에선 추운 겨울에도 안거가 제도화되기 시작하였고, 그 뜻

과 정신을 불영사 천축선원에서도 이어 각 안거의 시작에 대중이 함께 모여 한철 동안의 소임을 짜고, 선원의 청규로써 대중을 다스리고 있다.

사실 안거를 한다는 것은 개인적으로는 수행이요 깨달음으로 나아가기 위한 시간이기도 하겠지만, 안으로 좀 더 살펴보면 생명존중 사상과 중생들의 삶이 함께한다는 것을 알 수 있다. 자비심을 내고 수행하는 것은 스님들만의 일이 아니다. 고苦에서 벗어나 완전한 즐거움과 행복을 추구하는 것 역시 훗날로 미루거나 누군가가 대신해 줄 수 있는 일은 아니다. 아무리 많은 안거를 통해 자신을 성찰한다고 해도 그것을 행行으로 옮기지 않는다면, 그것은 아는 데 그친 죽은 공부다.

깨어 있는 순간 우리의 삶은 그대로 수행의 장이 되기 때문에 오늘도 우리는 '일상'이라는 이름으로 안거를 나고 있는지도 모른다. 중생들의 삶과 함께 불영사 천축선원의 문은 언제나 열려 있다.

포살

포살은 계율을 잘 아는 스님을 청하여 계본戒本을 설하게 하고 그간 계율로 정해진 것을 범한 이가 있으면 대중 앞에 나아가 참회하는 방식이다. 자신의 잘못을 뉘우치고 그 허물을 참회하는 것은 수행의 가장 기본이라 할 수 있다. 그것은 또 '가슴열림'이고 바로 '받아들임'이기 때문이다.

자기 자신에 대한 올바른 수용 없이 자신을 바라보는 수행을 한다는 것은 어쩌면 자신의 거짓된 자아에 속고 있는 것과 다를 것이 없다. 누구나 잘못을 할 수 있지만, 자신의 잘못을 인정하기는 쉽지 않다. 상처받지 않으려는 자신에 대한 방어와 변명만큼 어리석은 것 또한 없다. 그것은 자신의 내면을 진솔하게 들여다보는 모든 문門을 막아 버리기 때문이다. 생각한 대로 마음먹은 대로 세상이 움직이지 않는 이유 또한 여기에 있다. 자신의 뜻과 마음이 정말 순수한지, 지금 이 순간 내 안의 어떤 것들이 삶을 방해하고 있는지 순간순간 살피고 또 성찰해야 한다.

포행

한 시간의 정진이 끝나면 그간의 몸을 정돈할 수 있도록 십 분간의 포행 시간이 주어진다.
앉고 서고의 모습을 떠나 납자들은 일상을 통해 깊고 깊은 자신과의 처절한 만남을 갈구한다.
말하는 바 말에 속지 말며, 행하는 바 행에 속지 말며
모든 감각들이 헛된 것에 물들지 않도록 잘 단속해야 한다.

공양의 의미

공양한다 함은 단순히 밥을 먹는 행위를 말하는 것이 아니다.
시방 일체 제불보살을 시작으로 작게는 미물에 이르기까지
그 마음을 평등히 하는 것이다.
한 방울의 물이 나에게 큰 생명수가 되듯이
그 하나의 물방울을 통해 내가 보리의 마음을 일으키는 것 역시
모두를 하나로 연결시키는 것이다.

"나를 비롯하여 고통받는 모든 생명들이 이 공양 받으시고
널리 일체 중생을 제도하는 대서원 세우소서."

김치는…

『백제전』『고구려전』 등 옛 문헌과 기록을 찾아보면 농경생활이 시작되던 삼국형성기 이전에 곡류의 소화를 돕기 위하여 염분 있는 채소를 먹기 시작하였고, 기후의 영향으로 채소의 저장방법으로서 이미 소금에 절인 형태의 김치를 담그기 시작한 것으로 추정된다. 그리고 고려 중엽 이규보가 쓴『동국이상국집』의 가포육영에는 '무장아찌는 여름 반찬에 좋고, 소금 절인 무는 겨울 내내 반찬'이라는 이야기가 나오는데 김치의 역사를 대변하고 있다. 그 후 조선 중기에 접어들어 우리나라에 고추가 유입되면서 재료와 제조법이 다양해지고 여러 형태의 저장기술이 개발되면서 현재 우리들이 먹는 김치의 모습을 갖추게 되었다.

특히 사스 이후 세계적인 건강식품으로 우수성을 인정받은 김치는 우리나라는 물론 많은 사람들의 밥상에서 빠져서는 안 될 식품으로 자리 잡고 있다. 칼슘과 철분 등 무기질과 비타민이 풍부해 노화를 억제하고 성장기 어린이의 발육에도 좋으며, 고추의 캡사이신 성분은 신진대사를 활발히 하여 저칼로리 식품으로서 다이어트에도 효능이 있다. 그리고 김치 속의 풍부한 유산균은 발효 과정 중에 생성되는 미생물의 영향으로 장을 깨끗이 청소하고 김치의 독특한 향과 맛을 제공할 뿐만 아니라, 인체 내에서 유해세균의 활동을 억제함으로써 암세포 증식을 막는 놀라운 효능까지 가진 것으로 밝혀지고 있다.

'가장 한국적인 것이 가장 세계적'이라는 말이 있다. 오랜 세월 우리들의 밥상에서 함께해 온 김치를 통해서도 우리는 많은 것을 나눌 수 있다. 현재 우리들에게 주어진 삶 또한 나 혼자만의 것이 아니라 모든 것의 은혜와 함께라는 걸 느낄 수 있다면, 이미 그것은 하나를 통해 세계를 담는 것일 것이다.

천연
채수
만들기

가마솥에 물을 붓고 표고버섯과 무를 먼저 넣어 푹 끓인다. 무가 어느 정도 익고 나면 그때 다시마를 넣고 조금 더 끓인다.

불영사 천축선원 채수의 가장 기본은 청정한 자연환경이라 할 수 있다. 어떤 인위적인 과정도 거치지 않은 맑은 물은 정성스러운 마음을 통해 누구나 행복해지는 밥상을 만들게 한다.

채수를 우릴 때 사용한 표고버섯은 맛과 향이 많이 빠지긴 하였지만, 건져서 꼭 짠 다음 조림간장 등으로 양념을 더해 다른 요리로 활용하기도 한다.

김치에 들어가는
기본양념 알아보기

우리는 몸이 없이 마음이라는 것을 수행할 수 없다.
그러기에 몸은 바른 생각을 가지게 하는 충분한 도구이다.
사찰에서는 오신채(파, 마늘, 달래, 부추, 흥거)를 음식에 사용하지 않는데
'익혀 먹으면 음란한 마음이 일어나고 생것으로 먹으면 성내는 마음이 더해진다' 하여
오신채 사용을 금해 왔다.
몸을 청정히 함으로써 마음까지 청정히 하고자 하는 뜻이 담겨 있다.

고춧가루, 홍고추, 고추씨, 소금, 천연채수,
생강즙, 미나리, 배즙, 찹쌀가루, 매실진액

물김치 기본양념 만들기

1

1. 보리쌀을 삶아 시아자루에 넣고 적당히 물 양을 잡아 치댄다.
2. 생강, 배, 홍고추는 믹서에 갈아서 즙만 낸 다음 보리쌀 우린 물과 섞는다 .
3. 2번과 채수를 섞어 소금으로 간을 한다.

2

1. 찹쌀가루로 묽게 풀을 쑤어 식힌다.
2. 생강, 배, 홍고추는 믹서에 갈아서 즙만 낸 다음 찹쌀풀과 섞는다 .
3. 2번과 채수를 섞어 소금으로 간을 한다.

3

1. 감자를 갈아서 감자풀을 쑤어 식힌다.
2. 생강, 배, 홍고추는 믹서에 갈아서 즙만 낸 다음 감자풀과 섞는다 .
3. 2번과 채수를 섞어 소금으로 간을 한다.

김치기본양념 만들기

1. 채수를 진하게 낸 다음, 그 물에 찹쌀가루를 넣고 끓인다.
2. 생강, 홍고추, 배를 갈아서 그대로 섞는다.
3. 고춧가루를 섞고 소금으로 간한다.

사찰김치 담그는 방법

1. 겉잎 다듬기

   상처 입고 누런 배추 겉잎을 떼어 낸다.

2. 배추 두 쪽 나누기

   칼집을 넣어 배추를 두 쪽으로 나누고, 반쪽에 다시 적당히 칼집을 넣는다.

3. 절임 물 만들기

   그릇에 물을 붓고 소금을 넣어 녹인다.

4. 배추 절이기

   배추 사이사이에 절임 물이 스며들도록 배추 잎을 살짝 들어 주면서 골고루 담가 준다. 보통 여름배추는 4~5시간, 가을에는 8~9시간, 겨울에는 10~12시간 정도 절인다. 골고루 절여질 수 있도록 중간중간 살펴보고 뒤집어 준다.

5. 사이사이 소금 치기

   배추 밑동 부분과 잎 사이사이에 소금을 조금 더 쳐 준다.

6. 절인 배추 헹구기

적당히 휘도록 절인 배추를 한 잎 떼어 씻은 다음,
속까지 간이 적당히 잘 배었는지 확인하고 물에 3~4번 헹군다.

7. 소쿠리에 건져 물기 빼기

잘 헹군 배추를 소쿠리에 건져 물기를 뺀다.

8. 김치양념 섞기

천연채수에 찹쌀풀을 끓인 다음, 김치기본양념 재료들과 함께 잘 섞는다.

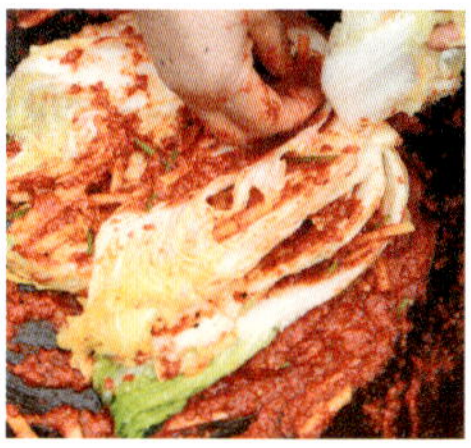

9. 김치양념 바르기

소쿠리에 건져 물기를 뺀 배추에 김치기본양념을 골고루 잘 버무려 준다.

10. 김치 완성

항아리에 차곡차곡 담아 보관하며 기호에 따라 알맞게 익혀 먹는다.

배추의 여정

저는 아직
제가 누구인지 모릅니다.

그런데, 이게 웬일입니까?

스님들이 저를 땅 속에 묻어 버립니다.

어떤 저항도 할 수 없는 저는 그렇게 어둠 속에서

저와의 싸움을 시작할 수밖에 없었습니다.

하지만 저는 아무것도 보이지 않는 현실이 두렵기만 합니다.

꿈틀거리는 것들이 제 옆을 스쳐 지나가기도 하고,

바짝바짝 말라 가는 땅은 저를 힘들게도 합니다.

그러다 한껏 물을 먹을 때면 잠시 고통을 잊기도 합니다.

그렇게 힘들었다 좋았다 하는 현실 속에서 제 마음 또한 쉴 새 없이 떠다닙니다.

그런데, 순간!

아프고 갑갑한 현실에 몸부림치던 저의 진심眞心이

저도 모르게 딱딱한 껍질을 깨고 하늘을 향해 손을 뻗게 했나 봅니다.

어둠 사이로 비친 한 줄기 빛은 한결 유연해진 제 마음을 보게 했습니다.

여전히 바람은 불고 비도 오고 햇빛도 비치지만

저는 분명 그것들을 통해 성장하고 있음을 느낄 수 있었습니다.

가녀린 바람에도 흔들리던 제가 늘 변화하는 세상을 통해

내면의 강인함을 저절로 배워 가고 있었으니까요.

그러던 어느 날…

속이 잘 여문 저를 보며 스님들이 이런저런 이야기를 나누시더니

어디론가 저를 또 데려갑니다.

그렇게 스님들의 손길 따라 다듬어지고 숨이 죽는 속에서

저는 여태껏 채워 왔던 걸 다시 제대로 버리는 연습을 시작하게 되었습니다.

그러다 빨간 옷이 입혀질 때엔 예전의 저와는 전혀 다른 제 모습에 낯설고 어색했지만,

하나 둘씩 예전 모습의 저를 온전히 내려놓고 지금 이 순간을

가슴을 열고 받아들이기로 했습니다.

얼마나 흘렀을까요?

그제야 저는 저의 존재를 알게 되었습니다.

또 저만이 아니라,

모든 이들이 이 과정 속에 함께함을 알았습니다.

그래서 갖가지 인연 따라 갖가지 모습으로

저는 모두와 하나 될 수 있었습니다.

불영사 천축선원 밥상엔

늘 행복한 '모두'가 있습니다.

봄 안거

한 생각이 일어나자 내 마음이 열렸다.
한 생각이 일어나자 내 마음이 닫혔다.
그렇게 일어난 한 생각 한 생각이
마음밭에 씨앗이 되었다.
그 씨앗은 하나는 고통이라는 이름으로
또 다른 하나는 기쁨이라는 이름으로
싹을 틔웠다.

산수유의 따뜻한 성질은 간과 신장을 보호한다.
신맛은 근육의 수축력을 높여 무릎과 허리를 데워 주고,
몸을 단단하게 하며 방광의 조절능력 또한 향상시킨다.
어린아이들의 야뇨증에도 좋다.

봄안거 recipe 1

산수유백김치

재료

산수유, 배추, 노란콩, 찹쌀가루, 미나리, 당근, 홍고추, 배, 밤, 대추, 석이버섯

양념재료

채수, 굵은소금, 생강

만들기

1. 산수유는 하루 전날 물에 담가 산수유 물을 우려낸다.
2. 배추는 잘 다듬어 두 쪽으로 나눈 다음, 물에 굵은소금을 풀어 줄기가 부드러워질 때까지 절인 뒤 헹구어 소쿠리에 건져 물기를 뺀다.
3. 노란콩은 삶아 식히고, 삶은 물과 함께 믹서에 간 다음 시아자루(면주머니)에 거른다. (따뜻할 때 믹서에 갈면, 뻑뻑해져서 콩물을 내기가 어렵다.)
4. 찹쌀가루로 풀을 쑤어 산수유 우린 물과 채수, 콩물을 함께 섞는다.
5. 4번에 소금으로 간을 하고 배, 생강은 즙만 걸러 섞는다.
6. 밤, 대추, 당근, 홍고추, 석이버섯은 채 썬다.
7. 채 썬 재료를 5번에 잘 섞어서 절인 배추 사이사이에 빠지지 않도록 넣은 후 미나리로 묶는다.

나박김치와 봄맛

오렌지색 고춧가루 물과 야채를 한 숟가락 떠서 먹는 맛이 시원하다.
만들기 쉬운 나박김치로 봄 상차림을 준비해 보면 어떨까?

봄안거 recipe 2

나박김치

재료

무, 배추, 배, 홍고추, 보리쌀

양념재료

굵은소금, 생강

만들기

1. 무는 다듬어 납작하게 썰고, 배추도 비슷한 크기로 썰어 소금물에 절인 후 물기를 뺀다.
2. 보리쌀은 푹 삶아 믹서에 간다.
3. 시아자루에 믹서에 간 보리쌀을 넣고, 물 양을 잡아 치대서 풀물을 낸다.
4. 굵은소금으로 간을 하고 배, 생강, 홍고추는 갈아서 즙만 걸러 섞는다. (청·홍고추를 고명으로 써도 좋다.)
5. 1번에 만들어진 국물을 붓고 하루 이틀 정도 실온에 두었다가 냉장 보관한다.

배추 네 포기 기준 : 무 3개, 배 5개, 생강 500g 정도

봄안거 recipe 3

민들레김치

재료

민들레

양념재료

김치기본양념, 굵은소금

만들기

1. 직접 캔 민들레를 흙이 섞이지 않도록 잘 다듬어 흐르는 물에 깨끗이 씻는다.
   (쓴맛이 기호에 맞지 않을 경우, 반나절 정도 물에 담가 둔다.)
2. 물에 굵은소금을 녹인 후 민들레를 담가 절인다.
3. 민들레가 숨이 죽으면 물에 헹군 뒤 소쿠리에 건져 물기를 뺀다.
4. 김치기본양념에 잘 버무린다.
5. 며칠간 실온에 두었다가 냉장 보관한다.

민들레는 하나하나의 낱꽃이 모여 한 송이의 꽃을 만든다.
민들레를 보고 있으면, 함께 모여 사는 승가僧伽와 많이 닮아 있다는 생각이 든다.
그렇게 함께 수행하다 인연이 다하면,
바람에 몸을 실은 민들레처럼 훨훨 떠나 또 다른 곳에서 그 하나가 다시 모두를 이룬다.
어느새 불영사 연못 주위로 민들레가 한창이다.

봄안거 recipe 4

미나리김치

재료

미나리, 무, 밤, 잣

양념재료

김치기본양념

만들기

1. 미나리를 젓가락으로 쳐서 다듬은 후, 물에 잘 씻는다.
   (미나리는 거머리가 있을지도 모르니 십원짜리 구리동전이나 놋 제품과 함께 1시간 정도 물에 담가 둔다.)
2. 무는 채 치고, 밤은 까서 편 썰기 한다.
3. 김치기본양념에 2번과 잣을 섞어 미나리에 적당히 바른다.

미나리는 각종 비타민과 단백질, 철분, 칼슘, 인 등 무기질이 풍부하고,
해독하고 혈액을 정화하는 데 탁월한 효과를 지닌 알칼리성 식품이다.
가뭄에도 잘 자라고 연꽃처럼 진흙 속에서도 푸르게 잘 자란다.
어둠 속에서 스스로 빛을 밝힌 사람은 어둠을 두려워하지 않는다.
어둠이 없이 빛이 존재할 수 없음을 알기에
그 순간 어둠은 빛을 영원히 가질 수 있기 때문이다.
그래서 어둠은 빛을 구하지 않은 채 빛을 낸다.

스님들이 먹는 음식에는 부드러운 음식이 많은데
때에 따라 오후불식午後不食과 일종식一種食을 한다.
그러다 보니 씹는 역할을 많이 하지 않기 때문에 이가 약해지는 경우가 종종 있다.
청경채는 비타민 A의 효력으로 면역체계를 향상시키고
풍부한 칼슘 성분으로 치아와 골격 발달에 도움을 준다.

봄안거 recipe 5

청경채물김치

재료

청경채, 당근, 배, 잣, 홍고추, 찹쌀풀

양념재료

채수, 굵은소금, 생강

만들기

1. 청경채는 다듬어 씻고 소금물에 1시간가량 절인다.
2. 홍고추와 생강을 잘게 썰어 약간의 채수와 함께 믹서한다.
3. 2번에 찹쌀풀을 섞고 굵은소금으로 간한다.
4. 3번에 소금에 절인 청경채를 넣고 당근과 배, 잣으로 장식한다.
5. 실온에 하루 정도 두었다가 냉장 보관한다.

봄안거 recipe 6

시금치김치

재료

시금치, 밤, 홍고추

양념재료

김치기본양념

만들기

1. 시금치는 밑동을 다듬어 씻은 뒤 소쿠리에 건져 물기를 제거한다.
2. 밤과 홍고추는 채 쳐서 김치기본양념에 섞어 버무린다.
3. 2번에 시금치를 넣고 적당히 버무린다.

의상조사 법성게에
'일미진중함시방一微塵中含十方
한 티끌 그 가운데 시방세계(온 우주)를 머금었다'라는 구절이 있다.
불교의 이론은 요즘 과학과 의술이 발달하면서 많은 부분에서 실제로
증명되고 있다. 대체의학에서는 눈 속의 홍채에서 일어나는 변화를 통해
그 사람의 건강상태와 성격, 신체의 변화 등을 살피면서 그 연관성을 연구하기도 한다.
시금치의 루테인 성분은 눈에 항산화작용을 하여 눈을 보호하고 질환을 예방한다.
결국 눈은, 그 하나에 국한되는 것이 아니라 전체를 보는 창窓이라고도 할 수 있다.

새벽 3시가 되면 아주 작은 목탁 소리를 시작으로
온 우주의 천지 만물을 깨우고 도량을 청정하게 하는 도량석이 울려 퍼진다.
마음이 편안하지 않으면 잠을 자는 것 또한 방해를 받기 때문에
일찍 일어나야 하는 스님들에게 수면은 일상생활의 중요한 일부이다.
쑥갓을 통해 섭취할 수 있는 칼슘은 체력을 보충하고
신경을 편안하게 하여 숙면을 돕는다.

봄안거 recipe 7

쑥갓김치

재료

쑥갓, 당근, 홍고추

양념재료

김치기본양념, 매실진액, 참기름, 통깨

만들기

1. 쑥갓은 잘 다듬어 씻은 뒤, 소쿠리에 받쳐 물기를 뺀다.
2. 당근과 홍고추는 채 썬다.
3. 김치기본양념에 매실진액(단맛을 좋아하지 않으면 생략해도 좋다)을 약간 넣고 당근과 홍고추를 버무린 후, 쑥갓을 넣고 뭉개지지 않도록 가볍게 버무려 준다.
4. 기호에 따라 겉절이처럼 참기름과 통깨를 뿌려 바로 먹어도 좋다.

염불念佛은 부처님의 가르침을 내면의 흐름으로 승화하여 자신의 부처를 찾는 과정이다.
그 신심信心을 안으로 살피고, 부처님의 명호와 법문을 소리 내어 전한다.
초심자初心者들은 처음 염불을 익힐 때 목을 많이 다치기도 하는데『본초강목』에 의하면
더덕은 폐화肺火를 맑게 하고 오랜 기침과 폐결핵을 다스리며 가래를 삭인다고 한다.
그 외 참기름 한 방울을 목으로 천천히 흐르게 한다든지,
매실진액을 따뜻하게 데워 마심으로써 목을 임시적으로 보호하기도 한다.

봄안거 recipe 8

더덕김치

재료

더덕, 무, 미나리, 홍고추, 배, 대추

양념재료

생강, 고춧가루, 굵은소금, 채수

만들기

1. 더덕은 껍질을 벗겨 소금물에 담가 쓴맛을 제거한다.
2. 소금물에 절인 더덕은 건져 방망이로 가볍게 두드려 찢는다.
3. 홍고추는 어슷 썰고, 무와 대추는 채 치고, 미나리는 다듬어 적당히 썬다.
4. 고춧가루에 채수, 홍고추 조금 간 것, 생강즙, 배즙, 굵은소금을 넣어 양념을 만든다.
5. 4번의 양념에 채 친 무와 어슷 썬 홍고추, 대추, 미나리를 섞어 더덕에 잘 버무린다.
   (더덕 특유의 향을 살리기 위해 양념은 많이 바르지 않는 것이 좋다.)

봄안거 recipe 9

맨드라미물김치

재료

식용맨드라미, 무, 사과, 밤, 배, 밀가루

양념재료

채수, 생강, 굵은소금

만들기

1. 채수에 밀가루를 풀어 묽게 풀을 쑨다.
2. 맨드라미는 깨끗이 씻어 절구에 찧은 후 시아자루에 넣고 물에 주물럭거리며 색을 우려낸다.
3. 맨드라미 색이 우러나면 1번을 섞고 소금으로 간을 한 다음, 생강과 배는 즙만 걸러 넣는다.
4. 무는 1cm 두께로 납작하게 썰고 소금물에 살짝 절인다.
5. 사과와 밤도 무와 비슷하게 알맞은 크기로 썬다.
6. 3번에 4번과 5번을 넣고 실온에 보관해 두었다가 냉장 보관한다.

봄안거 recipe 10

양배추김치

재료

양배추, 미나리, 무, 당근, 오이, 밤, 잣

양념재료

통깨, 김치기본양념

만들기

1. 양배추는 깨끗이 씻어 먹기 좋게 썬다.
2. 미나리는 다듬어 씻은 뒤 적당한 크기로 썬다.
3. 당근, 오이, 무, 밤은 채 썬다.
4. 잘 다듬은 재료들을 모아 김치기본양념에 잘 버무린다.
5. 잣과 통깨로 마무리한다.

겹겹이 싸인 양배추를 보며
우리들이 '나'라고 굳게 믿고 고집하는 수많은 무의식을 보는 듯하다.
누군가에겐 착한 아내로, 누군가에겐 둘도 없는 친구로, 누군가에겐 듬직한 아들로….
우리는 관계 속에서 수많은 역할들을 하며 살아간다.
사람들이 얘기하는 나! 이제껏 들어왔던 것들로부터 나는 그런 사람이라고,
그것이 나의 모습이라고 착각한다. 그리고, 그렇게 스스로 믿어 왔던 것들이
어느 날 무너질 때 '나는 고통 받았다'며 상처를 받는다.
과연 누가, 나는 그런 사람이라고 믿어 왔는가?
과연 누가, 그렇게 믿으라고 시켰단 말인가?
그렇게 일어나는 생각들이 나라고 믿는 순간, 우리는 진정한 나를 절대로 만날 수 없다.

생각해 보면 힘들 것 같은 어둡고 불행한 삶이
어떤 마음을 가지고 세상을 바라보느냐에 따라서 삶의 가피로 다가오기도 한다.
누군가의 고통을 비난하기에 우리의 현재 시점은 너무도 제한적이고 한정적이다.
고통은 자신을 적나라하게 볼 수 있는 엄청난 기회이다.
콩나물은 햇빛을 받고 자라는 다른 식물들과는 달리, 어두운 곳에서 잘 자란다.
아무것도 보이지 않는 그 어둠 속에서 뿌리를 내리고 자신의 모습을 그대로 드러낸다.

봄안거 recipe 11

콩나물김치

재료

콩나물, 미나리, 홍고추

양념재료

김치기본양념, 굵은소금, 검은깨

만들기

1. 콩나물은 잘 씻은 뒤 물기를 뺀다.
2. 미나리는 잘 다듬어 씻은 뒤 적당한 크기로 자른다.
3. 냄비에 물을 끓여 굵은소금을 넣고 콩나물을 아삭아삭할 정도로 살짝 데쳐 내고, 미나리도 데친 다음 찬물에 헹구어 물기를 꼭 짠다.
4. 3번에 김치기본양념을 골고루 넣고 살살 버무려 준다.
5. 어슷 썬 홍고추와 검은깨로 마무리한다.

깻잎은, 점점 커질수록 커진 잎을 잘 따 주어야
속에서 자라는 작은 잎들도 햇볕을 받으며 잘 자랄 수 있다.
사실, 잘 자라고 못 자라고는 분명 각자의 몫이지만,
씨앗을 뿌리고 나면 우리는 그 행위에 대한 최선의 책임을 다해야 한다.

봄안거 recipe 12

깻잎김치

재료

깻잎, 찹쌀가루, 당근, 밤

양념재료

채수, 조림간장, 소금, 고춧가루, 생강즙, 조청, 통깨

만들기

1. 깻잎은 깨끗이 씻어 소쿠리에 건져 물기를 뺀다.
2. 채수에 찹쌀풀을 끓여 조림간장 3스푼, 소금 1스푼, 고춧가루 조금, 생강즙, 조청 3스푼, 통깨를 넣고 양념장을 만든다.
3. 당근과 밤은 채 썰어 2번에 섞는다.
4. 깻잎 켜켜이 양념장을 적당히 바른다.

배추심기 울력

좁은 포트 속에서 몸부림치던 배추가 세상 밖으로 나온다.
하늘을 향해 힘껏 기지개를 켜는 녀석들을 보고 있자니,
잠시나마 농부들의 피땀어린 정성과 그들 마음속의 행복 또한 느껴진다.
하나하나 제자리를 찾아가는 모습 속에서 스스로의 위치도 점검해 본다.

나는 누구인가?

봄안거 recipe 13

씻은김치 들깨볶음

재료

김치, 청 · 홍고추

양념재료

채수, 들기름, 들깨가루, 된장

만들기

1. 김치는 씻어서 물에 담가 짠 기를 제거한다.
2. 간을 보고, 조금 삼삼해졌을 때 김치를 적당한 크기로 찢은 다음, 들기름과 된장을 넣고 간이 배도록 잘 치댄다.
3. 청· 홍고추는 잘게 다진다.
4. 팬에 2번을 넣고 볶다가 채수를 조금 붓고, 김치가 푹 익었을 때 들깨가루를 넣는다.
5. 불을 끄고 다진 청 · 홍고추를 넣고 마무리한다.

유연하다는 것은 그만큼 다양성에 열려 있다는 것이다.
만드는 사람에 따라 갖가지의 모양과 맛이 난다.
상대의 정성스러운 음식을
나만의 방식과 입맛으로 판단하고 고집하고 있지는 않는지
자신의 마음을 살필 줄 알아야 한다.
갖은 재료를 넣고 볶아도 되는 요리를
꼬치에 끼워 줄을 세웠더니, 한결 새롭다.

봄안거 recipe 14

김치두부꼬치

재료

두부, 김치, 파프리카, 미니 새송이버섯

양념재료

들기름

만들기

1. 두부는 한입 크기의 네모 모양으로 썰어 들기름에 굽는다.
2. 새송이버섯은 씻고, 파프리카는 두부 크기로 썬다.
3. 김치는 물에 한 번 헹군 뒤 꼭 짜서, 구운 두부를 잘 싼다.
4. 2번과 3번을 꼬치에 순서대로 끼워 들기름에 노릇노릇 잘 굽는다.

들기름은 열에 쉽게 산화되므로 불을 너무 세게 하지 않는다.

봄안거 recipe 15

김치그라탱

재료

파스타, 토마토, 월계수 잎, 김치, 파프리카, 양송이버섯, 표고버섯,
양배추, 옥수수, 완두콩, 모차렐라치즈가루, 감자 간 것

양념재료

올리브유, 꿀, 소금, 고추장, 후추

만들기

1. 팬에 올리브유를 두른 후, 데쳐서 껍질을 벗긴 토마토와 월계수 잎을 넣고 오래 잘 저어 준다.
   (올리브유는 토마토의 신맛을 감하면서 토마토의 흡수를 도와준다.)
2. 토마토가 잘 익으면 기호에 맞게 꿀, 소금, 후추, 고추장을 조금씩 넣어 가며 간을 더한다.
   (고추장은 토마토의 약한 맛을 진하게 하면서 깊은 맛을 낸다.)
3. 잘게 깍둑썰기 한 파프리카, 양송이버섯 편 썬 것, 양배추, 표고버섯을 기름이 너무 많지 않도록 올리브유를 살짝만 둘러 잘 볶는다.
4. 월계수 향이 잘 배었으면 잎은 건지고, 2번에 3번과 씻어 다진 김치, 옥수수, 완두콩, 감자 간 것(전분 역할)을 넣고 중불에 계속 저어 가며 끓인다.
5. 어느 정도 완성되면 모차렐라치즈가루를 넣어 녹인다.
6. 잘 삶은 파스타를 접시에 담은 뒤 5번을 올린다. 치즈는 기호에 따라 더 얹어 먹는다.

요리를 할 때 고요히 자신에게 집중해 보면,
무엇으로 간을 더하면 원하는 맛이 될지 우리는 잘 알고 있다.

봄안거 recipe 16

묵은지냉채

재료

묵은김치, 콩나물, 파프리카, 미나리, 무순

양념재료

꿀, 참기름, 들깨, 연겨자, 매실진액, 소금

만들기

1. 묵은김치는 결대로 찢는다.
2. 콩나물은 머리와 뿌리를 떼고 소금물에 살짝 데쳐 찬물에 헹군 다음 참기름에 살짝 버무린다.
3. 파프리카는 채 썰고, 무순은 가지런히 씻는다.
4. 미나리는 데쳐서 찬물에 헹군 뒤 꼭 짠다.
5. 연겨자에 매실진액과 들깨, 꿀, 소금을 섞어 믹서에 갈아 소스를 만든다.
   (요구르트나 레몬즙도 활용 가능하다.)
6. 묵은김치, 콩나물, 파프리카, 무순을 미나리로 묶은 뒤 소스에 찍어 먹는다.

봄이 되면 한껏 움츠렸던 모든 생명들이 최선을 다해 깨어난다.
촉촉이 내리는 봄비와 따스한 햇살은 살랑이는 봄바람을 타고
뭇 생명들의 내면을 찾아다니느라 바쁘다.
봄을 반기기엔 겨우내 익혀 왔던 습관들이 너무 많다.
괜스레 나른한 봄날, 산뜻한 겨자소스와 함께 세상 구경 나가 보자!

色으로 알아보는 건강 도우미

면역력을 높여 주는

White

생강, 배, 감자, 인삼,
무, 버섯 등

항암 효과에 탁월하다

Red

토마토, 사과, 고추, 파프리카,
수박, 오미자, 대추, 체리,
팥, 딸기 등

콜레스테롤을 없애 준다

Yellow

바나나, 콩, 콩나물, 옥수수, 잣,
밤, 유자, 파인애플 등

자연의 색은 곧 각자 본연本然의 색이다.
우리들이 개인의 특성에 맞게 옷을 입듯
자연을 통해 얻어지는 수많은 음식 또한
자신의 계절에 자신의 특성을 마음껏 뽐내다 그리 사라져 간다.
우리들의 삶에 그들이 잠시 다녀와 함께 나아가는 것이다.

젊음을 되찾는다

Black

우엉, 메밀, 연근, 검은깨, 검은콩, 흑미, 포도, 블루베리, 미역, 다시마 등

혈액순환을 도와준다

Orange

당근, 고구마, 호박, 오렌지, 감 등

폐와 간의 건강을 책임진다

Green

솔잎, 시금치, 키위, 브로콜리, 파슬리, 고춧잎, 깻잎, 녹차, 완두콩, 매실, 오이, 쑥 등

〈묵 만들기〉

1. 도토리를 주워 일주일 정도 물에 담갔다가 볕에 말린다.

2. 껍질이 벌어지면 발로 비벼 껍질을 까서 간다.

3. 도토리가루를 시아자루에 넣고 빨아 가루를 가라앉혀 쓴다.
   (비율 = 물 6 : 도토리가루 1)

봄안거 recipe 17

김치묵사발

재료

묵, 김치, 깻잎, 오이

양념재료

채수, 집간장, 소금

만들기

1. 묵은 먹기 좋게 썬다.
2. 김치는 먹기 좋게 다진다.
3. 채수에 집간장과 소금으로 간을 하고 묵과 김치를 넣는다.
4. 깻잎과 오이를 채 쳐서 함께 올린다.

생강은 우리 몸에 있는 독을 제거할 뿐만 아니라
성질이 차가운 채소를 중화해 줌으로써,
파·마늘을 쓰지 않는 사찰음식에서 빠져선 안 될 중요한 재료지만,
몸을 따뜻하게 하기 위해 장기간 따로 복용하게 되면 뼈를 상하게 하니
때에 맞는 적당한 섭취가 필요하다.

봄안거 recipe 18

김치팔보채

재료

김치, 브로콜리, 팽이버섯, 애느타리버섯, 표고버섯,
파프리카, 애호박, 죽순, 감자전분

양념재료

올리브유, 채수, 소금, 생강 간 것

만들기

1. 브로콜리와 버섯류는 잘 다듬어 적당한 크기로 찢고 김치, 파프리카, 애호박, 죽순은 정사각형 모양으로 썬다.
2. 팬이 충분히 달궈졌을 때 올리브유를 살짝 두르고 각종 버섯과 야채를 차례차례 재빨리 볶는다.
   볶으면서 소금간을 조금씩 한다. (올리브유는 살짝만 두르고 채수를 조금씩 이용하면 깔끔한 맛을 즐길 수 있다.)
3. 버섯과 야채가 다 볶아지고 나면 재료를 팬에 모두 모은 후, 센불에 채수를 약간 붓고
   생강 간 것과 물에 풀어 놓은 감자전분을 조금 넣고 볶는다.
   (전분을 너무 많이 넣지 않도록 조심한다. 전분이 기호에 맞지 않을 경우 그냥 볶아 먹어도 괜찮다.)
4. 완성된 요리를 접시에 담아 낸다.
   팔보채는 재빨리 볶음으로써 음식에 불 냄새를 유지하는 것이 생명이다.

봄안거 recipe 19

김치김말이

재료

김치, 마른 김, 당면, 건표고버섯, 밀가루, 전분가루

양념재료

조림간장, 후추, 참기름, 포도씨유, 참기름

만들기

1. 당면은 불려 적당한 크기로 자른 다음, 끓는 물에 충분히 삶아 건져서 찬물에 헹궈 물기를 뺀다.
2. 물에 불려 물기를 꼭 짠 표고버섯과 김치는 채 친다.
3. 팬에 포도씨유를 두르고 팬이 달궈지면 참기름을 살짝 두른 다음, 채 친 표고버섯에 조림간장을 적당히 넣어 잘 볶는다.
4. 물기를 뺀 당면에 조림간장과 참기름으로 간을 하고, 채 친 김치와 3번을 섞어 후추를 뿌려 김말이 소를 만든다.
5. 김을 적당한 크기(1/4 정도)로 잘라 소를 놓고, 김을 돌돌 말아 물에 푼 밀가루로 붙여 준다.
6. 돌돌 만 김말이를 밀가루 위에 살짝 뒹굴린다.
7. 밀가루에 전분가루를 조금 넣어 물에 갠 뒤, 6번에 옷을 입혀 기름에 튀겨 낸다.

사찰에선 남은 음식을 함부로 버리지 않는다.
먹고 남은 잡채를 다시 데워 먹으려면 면이 불어 볼품이 없다.
그때 김에 말아서 튀겨 먹으면 잡채보다 더 맛있는 요리를 즐길 수 있다.
기호에 따라 항암에 좋은 카레가루를 반죽에 넣어 튀기기도 한다.

봄안거 recipe 20

김치두부완자탕

재료

두부, 김치, 무, 청경채, 홍고추, 건표고버섯, 애호박, 밀가루

양념재료

채수, 집간장, 굵은소금, 후추

만들기

1. 두부는 시아자루에 넣어 으깨면서 물기를 꼭 짜고 김치, 표고버섯, 애호박은 잘게 다진다.
   (이때 표고버섯은 말린 것을 물에 불려 꼭 짠 뒤 재료로 쓰면 생표고보다 더 맛이 좋다.)
2. 무는 나박썰기 하고, 청경채는 밑동을 잘라 잘 다듬는다.
3. 시아자루에 짠 두부에 잘게 다진 김치, 표고버섯, 애호박, 밀가루, 후추를 넣고 잘 치댄 뒤 동그랗게 빚는다.
4. 냄비에 채수를 붓고 무를 넣고 끓이다가 집간장과 굵은소금으로 간을 한 뒤 3번을 넣고 10~15분간 끓인다.
5. 마지막으로 청경채를 넣고 살짝 숨이 죽으면 어슷 썬 홍고추를 넣어 마무리한다.

채수를 끓일 때 굵은소금을 쓰면 국물 맛이 훨씬 시원하고 좋다.

오후의 따스한 햇살을 벗 삼아 펼쳐진 은하수.
불영지佛影池에 하늘이 열린다.
세상의 모든 만물이 내면에 비춰질 때
그대로 그 빛이 되고 싶다.

공든 탑이 무너지랴?
우리들의 관념은 너무나 어리석다.
공들여 쌓은 탑이 무너지고 나면
정성을 들인 그 탑이 무너진 것에 대해 쉽게 의심한다.
정성을 들였는데, 무너졌다고 생각하는가?
그럼, 이미 그것은 정성이 아니다.
정성을 들여서 이루어졌다고 생각하는가?
그럼, 이미 그것은 완성이 아니다.
스스로 그렇다고 아는 순간
그 모든 것은 스스로 안다는
그 관념 안에서 또다시 나를 구속시킨다.

이제, 공든 탑은 어떻게 되었는가?

봄안거 recipe 21

팽이버섯김치샐러드

재료

팽이버섯, 김치, 깻잎, 당근, 잣

양념재료

채수, 고추장, 조림간장, 꿀, 소금, 레몬즙, 땅콩잼

만들기

1. 팽이버섯은 밑동을 잘라 내고 씻은 후 가닥가닥 떼어 가지런히 놓고, 깻잎은 채 썬다.
2. 적은 양의 채수에 고추장을 살짝 풀고 조림간장, 꿀, 소금으로 기호에 맞게 간한다.
3. 간이 맞으면 땅콩잼(생략 가능)을 조금 넣고, 살짝 걸쭉해지면 김치 다진 것과 당근 다진 것을 넣어 소스를 완성한다.
4. 준비된 팽이버섯 위에 레몬즙을 살짝 뿌리고 채 썬 깻잎, 다진 잣과 소스를 올려 담는다.

팽이버섯은 버섯 중에서도 가장 낮은 온도에서 자라기 때문에 고춧가루가 든 김치를 소스로 곁들여 먹으면 저혈압 환자들도 안심하고 먹을 수 있다.

그래서…

완전 웃기지 않냐구!

도대체… 이해가 안 가.

정신없이 열을 내는데,
걸려온 전화가
갑자기 안 들리자
순간적으로 마음에서
지리지리한 감전이
느껴졌습니다.

나의 화가 전화를
먹통으로 만든 건 아닌가 싶은
이상한(?) 추측이 듦과 동시에
그제서야 제가 화내고 있다는 걸 알아차렸습니다.

때로는 도무지 연결될 것 같지 않은
이해 안 가는 현상이
온통 감정에 휩싸인 그런 자신을 보게 하는
불보살님이 되어 줍니다.

여러분들은 일상을 떠나
특별한 깨달음을 찾고 있진 않나요?

똑 ------ 똑 ----- 똑 ---- 똑 --- 똑 - 또-로록

입승스님의 목탁 소리가 허공을 채울 때면

온 우주법계의 생명들이 함께 그 자리에 있음을 안다.

삭발하던 날

"신심으로써 욕락을 버리고
일찍 발심한 젊은 출가자들은
영원한 것과 영원하지 않은 것을
똑똑히 구별하여
걸어가야 할 길만을
고고하게 찾아서 가라."

_지계제일 우파리존자

세상에 대한 겸허함 없이 자신도 모르게 쳐 놓은 수많은 울타리들이
머릿속에서 그리고 가슴속에서 울려 퍼진다.
그 한 생각 한 생각들이 아무도 모르게 얽히고설키어
어떤 것과도 진정으로 함께할 수 없는 내 안의 고통들로 자리 잡고 말았다.
이제는 그 울타리에서 벗어나고 싶지만
모두를 받아들일 만큼의 준비가 되어 있지 않은 자신을 본다.
오늘 그 부족함이 어떤 것과도 바꿀 수 없을 만큼 큰 선물임을 알기에
현재 주어진 삶에 감사한다.

여름 안거

고통은 순간, 나를 힘들게 했다.
그래서 가지를 잘라 버렸고
기쁨은 순간, 나를 행복하게 했다.
그래서 물을 듬뿍듬뿍 주었다.
그런데 잘려진 고통 속에서 새 움이 트고,
파릇파릇 자라던 기쁨은 이내 시들어 갔다.
제대로 알지 못해 고통이라 말하고,
제대로 알지 못해 기쁨이라 생각했다.

점 하나에 불과한 씨앗이 자연에 순응하며 맺은 결실은
표현할 수 없을 만큼 아름답다.
가지에 함유된 많은 수분과 차가운 성질은 더운 여름을 이기게 하는 선물이다.
풀 한 포기 돌 하나 아무리 하찮은 미물도
거기엔 존재의 이유가 있음을 다시 한 번 생각하게 해 준다.

여름안거 recipe 1

가지김치

재료

가지, 열무, 홍고추, 당근

양념재료

김치기본양념, 굵은소금

만들기

1. 열무는 잘 다듬어 먹기 좋게 썬 후, 소금물에 짜지 않게 절여 놓는다.
2. 가지는 깨끗이 씻어 크기에 따라 3~4등분한 후 십자 모양(4등분)으로 칼집을 넣는다.
3. 찜통에 2번을 넣어 색이 변하지 않을 정도로 살짝 찐 후 식힌다.
4. 열무가 절여지면 씻지 말고 건져서, 당근과 홍고추 채 썬 것과 함께 김치기본양념에 버무려 소를 만든다.
5. 칼집 낸 가지에 준비된 소를 채워 담는다.

오미자는 성질이 따뜻하다.
폐와 신장의 부족함을 보하며 갈증을 멎게 하고 피로한 증세를 치료한다.
많이 먹을 경우 열을 내므로 고혈압 환자는 적당한 섭취를 권한다.

여름안거 recipe 2

오미자무쌈말이물김치

재료

오미자, 무, 파프리카, 당근, 오이, 미나리

양념재료

생강, 식초, 유기농설탕, 매실진액

만들기

1. 물에 식초와 유기농설탕을 적당히 넣어 새콤달콤한 맛을 낸 후, 생강을 편 썰어 넣는다.
   (이때 물 양은 식초보다 적게 잡는다.)
2. 무는 얇게 썰어 1번 물에 2~3일 정도 재워 둔다.
   (중간에 무가 어느 정도 맛이 배고 절여졌는지 살펴본다.)
3. 오미자는 전날 물에 우려낸 다음 매실진액을 조금 섞어 준다.
4. 파프리카, 당근, 오이는 채 썰고, 미나리는 다듬어 끓는 물에 데친 후 찬물로 헹군다.
5. 간이 밴 무에 채 썬 재료를 넣고 미나리로 묶은 후 오미자물에 담가 낸다.

여름안거 recipe 3

열무김치와 국수

재료

소면, 열무김치, 홍고추

양념재료

참기름, 깨소금

만들기

1. 홍고추는 어슷 썰고, 열무김치는 참기름과 깨소금에 무친다.
2. 끓는 물에 소면을 넣어 삶는다.
   (찬물을 준비해 두었다가 끓어오를 때마다 조금씩 넣어 주기를 세 번 정도 하면 면이 퍼지지 않고 잘 익는다.)
3. 삶은 면을 찬물에 헹궈 소쿠리에 받쳐 물기를 제거한 후, 1번을 넣어 잘 비빈다.

스님들의 입가에 미소가 번진다. 그래서 소면笑面이다.
다른 누군가의 기쁨이 된다는 건 그리 어렵지 않지만, 사실 그리 쉽지도 않다.
누군가를 기쁘게 하려고 한다면, 이미 그것은 나의 행복을 위한 거짓일지도 모른다.
가끔 우리는 웃고 있는 얼굴에서 슬픈 가슴을 느끼고,
슬퍼하는 울음 속에서 상대의 깨어남을 느낀다.
기쁠 때 그냥 기뻐하고, 슬플 때 그냥 슬퍼하자!
우린 그 진실함 속에서 서로에게 충분한 사랑이 된다.

열무김치를 만들 때 열무를 소금에 30분간만 절여 담그면 김치가 부드럽다.

매실은 칼슘과 비타민, 유기산이 많이 함유되어
칼슘 흡수를 도와 뼈를 튼튼하게 하고,
피로회복 및 위장기능을 활발하게 하여 식욕을 돋우며,
열을 흡수함으로써 감기나 가슴이 답답하여
머리가 맑지 못할 때 해열작용을 한다.
배가 아프거나 설사할 때에
매실진액을 따뜻하게 해서 마시면 좋다.

여름안거 recipe 4

매실김치

재료

매실

양념재료

김치기본양념, 설탕

만들기

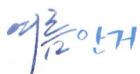

1. 매실은 깨끗이 씻어 소쿠리에 건진 후 물기가 빠지면 항아리에 담고 설탕을 넣어 한 달간 숙성시킨다. (매실 : 설탕 = 1 : 1)
2. 아삭아삭 잘 발효된 매실을 건져 김치기본양념에 잘 버무린다.

여름안거 recipe 5

적겨자잎김치

재료

적겨자 잎, 무, 잣

양념재료

김치기본양념, 깨소금

만들기

1. 적겨자 잎은 깨끗이 씻는다.
2. 무는 채 친다.
3. 김치기본양념에 채 친 무와 깨소금과 잣을 섞어 적겨자 잎에 고루 잘 버무린다.

하기 싫은 일을 억지로 해야 할 때 우리는 '울며 겨자 먹기'라는 표현을 쓴다.
무언가를 마주할 때 우리의 마음자세가 이토록 소극적임을 볼 수 있다.
어떠한 관점을 가지고 세상을 바라볼 때 우리의 고통은 멈추지 않는다.
그것은 좋은 관점 또한 마찬가지이다.
어떤 시각으로 바라본다는 것 자체가 고통이기 때문이다.
울며 먹은 겨자에 담긴 풍부한 비타민 A와 C가 우리의 눈과 귀를 밝게 하고
마음을 편안하게 한다는 사실을, 먹기 전에는 어떻게 알겠는가!
생각으로 아는 것! 그것은 스스로 안다는 착각일 뿐, 진정한 내 모습은 아니다.
우리는 그만큼 자신에게 깨어 있지 못해서 자신에게 속는지조차 모르고 살아들 간다.

여름안거 recipe 6

쌈채물김치

재료

쌈채, 파프리카, 감자, 홍고추, 보리쌀, 배, 밤

양념재료

생강, 굵은소금

만들기

1. 쌈채는 물에 흔들어 깨끗이 씻는다.
2. 보리쌀은 푹 삶아서 믹서에 간다.
3. 시아자루에 믹서에 간 보리쌀을 넣고, 물 양을 잡아 치대서 풀물을 낸다.
4. 3번에 소금으로 간을 하고 배, 생강, 홍고추는 갈아서 즙만 걸러 섞는다.
5. 감자는 껍질을 벗겨 푹 삶아 체에 내린 다음, 풀물에 섞는다.
6. 파프리카와 밤은 편 썰고, 홍고추는 어슷 썬다.
7. 김치국물에 쌈채, 파프리카, 어슷 썬 홍고추, 밤을 담아
   하루 정도 숙성시켜 먹는다.

여름안거 recipe 7

녹차백김치

재료

배추, 배, 홍고추, 녹차가루, 밀가루

양념재료

채수, 생강, 깨소금, 굵은소금

만들기

1. 배추는 잘 다듬어 두 쪽으로 나눈다.
2. 물에 굵은소금을 풀어 줄기가 부드러워질 때까지 배추를 절인 뒤 헹구어 소쿠리에 받쳐 물기를 뺀다.
3. 배와 홍고추는 채 썬다.
4. 채수에 밀가루와 녹차가루를 섞어 끓인 후 식힌 다음 체에 곱게 거른다. (녹차가루는 적당히 넣어 쓴맛이 나지 않도록 한다.)
5. 4번에 소금으로 간을 하고 배, 생강, 홍고추(약간)는 갈아서 즙만 걸러 섞는다.
6. 5번에 3번과 깨소금을 넣고 버무려 절여진 배추 사이사이에 속이 빠지지 않도록 잘 넣는다.
7. 실온에 두었다가 익기 시작하면 냉장 보관한다.

우리가 어떤 감정이 일어났을 때 몸을 관찰해 보면
자신의 의지와는 상관없이 그 감정과 함께 일어나는 몸에 밴 오랜 습관들과
여러 가지 반응들을 알아차릴 수 있다.
그만큼 우리의 몸은 마음의 반영이라 할 수 있다.
사찰에서 차茶는 마음을 편안하게 해 줌은 물론
다도茶道라고 불릴 만큼 수행과 밀접한 관계를 맺어 왔다.

녹차를 약으로 먹는 방법

① 감기와 기침 – 녹차 3g에 소금 1g을 넣고 뜨거운 물에 5분간 우려내어 마신다.

② 피로회복과 소화장애 – 녹차 3g에 식초 1ml를 넣고 뜨거운 물에 5분간 우려내어 마신다.

③ 두통과 눈의 피로 – 녹차 2g에 국화꽃 2g을 뜨거운 물에 우려내어 마신다.

④ 눈이 침침할 때 – 결명자 8g과 함께 우려내어 마신다.
(결명자는 눈이 밝아지는 반면 성질이 차다. 몸이 찬 사람이나 임산부들의 장기 복용은 좋지 않다.)

⑤ 심한 스트레스 – 연꽃 씨 30g을 뜨거운 물에 5시간 담갔다가 꺼내어 설탕 3g을 넣고 삶은 후,
녹차 5g을 넣어 우린 물을 섞어 마신다.

⑥ 거친 피부 – 우유 한 컵에 식초 3작은술을 넣어 저으면 요구르트처럼 걸쭉해진다.
여기에 녹차가루 1작은술을 섞어 마신다.

잘난 사람 잘난 대로 살고
못난 사람 못난 대로 산~~다~~~

여름안거 recipe 8

오이소박이

재료

오이, 미나리, 당근, 밤, 대추, 홍고추, 배, 찹쌀가루

양념재료

생강, 고춧가루, 채수, 굵은소금

만들기

1. 오이는 소금으로 가볍게 문질러 씻은 후, 적당한 크기로 잘라 열십자 모양으로 칼집을 낸다.
2. 끓는 물에 굵은소금을 넣어 녹인 후 오이가 담긴 그릇에 그대로 붓는다.
3. 냄비에 채수를 약간 붓고 찹쌀가루가 투명해질 때까지 죽을 쑨 후 식힌다.
4. 밤, 대추, 당근은 채 치고, 미나리는 다듬어 적당한 크기로 썬다.
5. 잘 절인 오이는 소쿠리에 세워 물기를 충분히 뺀다.
6. 3번에 고춧가루를 적당히 넣고 생강, 홍고추, 배를 갈아서 그대로 섞는다.
7. 6번에 4번을 잘 버무려 소를 만든 다음 칼집을 낸 오이 사이에 넣어 항아리에 담는다.

길쭉길쭉 늘씬한 오이가 제 몫을 한다.
낮은 열량과 수분, 비타민, 각종 미네랄이 풍부하여 다이어트에 좋고,
체내의 노폐물을 몸 밖으로 배출한다.
우리는 자신의 어리석음을 제대로 보지 못했을 때 자존심이 상해야 하는데,
자존심을 상대에 대한 우월감으로 지켜낼 때가 많다. 그건, 자만심이다.
외모지상주의가 사람들의 내면에 대한 귀 기울임을 방해한다.
모두들 늘씬한 오이를 좇느라, 각자의 가치를 서랍 깊숙이 넣어 두고
잊고 살아들 가는 건 아닌지….

여름 내내 쌈 싸 먹고, 전 부쳐 먹고, 겉절이 해 먹고, 김치도 담가 먹는다.
솎아서 먹었는데 돌아서면 자라고 또 자라서 늘씬하게 드러낸 상추를 보니
아낌없이 주는 나무 같다.
두통을 가라앉히고 가슴의 답답함을 풀어 주는 상추가
오늘도 자신의 정진을 경책하며 나아가는 수행자들의 답답한 가슴도 풀어 주면 좋겠다.

여름안거 recipe 9

상추수삼김치

재료

상추, 오이, 수삼

양념재료

김치기본양념

만들기

1. 상추는 깨끗이 씻어 소쿠리에 받쳐 물기를 뺀다.
2. 오이는 깨끗이 씻어 양 끝을 잘라내고 직사각형 모양으로 썬다.
3. 수삼은 솔로 깨끗이 씻어 적당한 크기로 썬다.
4. 김치기본양념에 수삼과 오이를 섞어 버무린 다음,
   상추에 잘 바르고 켜켜이 담는다.

여름안거 recipe 10

고구마줄기김치

재료

고구마줄기

양념재료

김치기본양념, 통깨, 굵은소금

만들기

1. 막 따 온 고구마줄기를 소금물에 담가 껍질을 벗긴 다음 끓는 물에 데쳐 한 번 더 손질한 후, 찬물에 헹궈 체에 받쳐 물기를 뺀다.
2. 물기를 뺀 고구마줄기를 적당한 크기로 썬다.
3. 김치기본양념에 잘 버무린 후 통깨를 뿌린다.
4. 실온에 하루 정도 두었다가 냉장 보관한다.

여름안거 recipe 11

백김치

재료

배추, 보리쌀, 배

양념재료

굵은소금, 생강

만들기

1. 배추는 잘 다듬어 두 쪽으로 나눈 다음 물에 굵은소금을 풀어 줄기가 부드러워질 때까지 절인 뒤 헹구어 소쿠리에 건져 물기를 뺀다.
2. 보리쌀은 푹 삶아 믹서에 간다.
3. 시아자루에 믹서에 간 보리쌀을 넣고, 물 양을 잡아 치대서 풀물을 낸다.
4. 소금으로 간을 하고 배, 생강은 갈아서 즙만 걸러 섞는다.
5. 물기를 뺀 배추에 국물을 부어 상온에 두었다가 냉장 보관한다.

여름철 백김치를 만들 때 각자의 기호에 맞게
여러 가지 과즙이나 야채를 이용하여 시원하게 국물을 내기도 한다.

백김치국수

도대체 무슨 일로
이 땅에 오셨습니까?
글쎄요. 인연이 있어 왔겠지요.

그럼? 언제 다시 돌아가십니까?
글쎄요.
인연이 다하면
다시 돌아가겠지요.

오고 감이
과연 인연 때문이라면
그 오고 감 속에서
인연을 끊어 볼까 합니다.
누가 왔다 누가 가는지도
모르게 말입니다.

하나하나의 재료들이 모여 한 끼의 식사가 되었다.
혼자서는 할 수 없는 일도 모이고 모이면 엄청난 힘을 발휘한다.
'나'라는 의식에서 점점 해방될 때 비로소 더 많은 것들을 수용하고
만날 수 있는 것처럼 말이다.

여름안거 recipe 12

김치김밥

재료

김치, 밥, 김, 당근, 단무지

양념재료

깨소금, 참기름, 소금

만들기

1. 밥을 고슬고슬하게 지어 참기름과 소금으로 밑간을 한다.
2. 단무지와 당근은 채 썰어 볶아 두고, 김치는 잘게 썰어 물기를 꼭 짠 뒤 참기름과 깨소금으로 버무려 놓는다.
3. 김 위에 밥을 얇게 펴고 단무지를 얹은 뒤 다시 그 위에 김 · 밥 · 당근 순으로 올리고, 세 번째는 김을 1/2로 잘라 김 · 밥 · 김치를 얹는다.
   (밥이 많으면 김밥이 너무 커지므로, 두껍게 하지 않는다.)
4. 다 얹은 재료를 김발로 싼 뒤 모양을 만들면서 눌러 준다.
5. 기호에 따라 다른 속 재료를 써도 무방하다.

노란색 파프리카 : 피부미용, 감기예방, 고혈압 예방
주황색 파프리카 : 피부노화방지, 눈 건강, 성장촉진
초록색 파프리카 : 비만치료, 빈혈 예방
빨간색 파프리카 : 암 예방, 노화방지, 혈관질환 예방

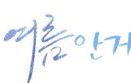

여름안거 recipe 13

김치소파프리카

재료

김치, 감자, 파프리카

양념재료

올리브유, 후추, 소금

만들기

1. 파프리카는 깨끗이 씻어 꼭지를 따고 3등분한 뒤 씨를 털어 낸다.
2. 감자는 갈아서 체에 받쳐 물기를 제거한다.
3. 김치는 꼭 짜서 잘게 다진다.
4. 감자 간 것과 김치 다진 것에 후추와 소금을 넣어 간한 뒤 잘 버무려 소를 만들고, 속을 파 낸 파프리카에 채운다.
5. 팬에 올리브유를 두르고 노릇노릇 구워 낸다.

여름안거 recipe 14

김치잡채

재료

김치, 당면, 새송이버섯, 당근, 고추

양념재료

올리브유, 고춧가루, 참기름, 후추, 집간장, 통깨

만들기

1. 당면은 불려 먹기 좋은 길이로 자른 다음, 끓는 물에 충분히 익혀서 찬물에 헹궈 둔다.
2. 고추는 반 갈라서 씨를 뺀 후 채 썰고 김치, 새송이버섯, 당근도 가늘게 채 썬다.
3. 팬에 올리브유를 두르고 2번의 재료를 볶다가 고춧가루를 넣는다.
4. 재료가 어느 정도 익으면 당면을 넣고 집간장, 참기름, 후추를 넣어 같이 볶는다.
5. 불을 끄고 통깨로 마무리한다.

여름안거 recipe 15

백김치오이롤밥

재료

백김치, 밥, 오이

양념재료

산초간장, 깨소금, 참기름, 굵은소금

만들기

1. 백김치를 잘게 다진다.
2. 고슬고슬하게 지은 밥에 다진 백김치를 넣고 산초간장 조금과 깨소금, 참기름을 넣어 잘 버무린다.
3. 오이는 소금으로 문질러 씻은 다음, 감자칼로 포를 뜨듯 얇게 썬다.
4. 2번을 적당한 크기로 뭉쳐 얇게 썬 오이 위에 올리고 돌돌 만다.
5. 그 위에 간장 속 산초를 올려 준다.

오이로 돌돌 말고 나니, 꼼짝없이 갇혔다.
윤회輪廻… 고정된 것이 없는 무언가를 고정된 것인 양 오인하여 그 속에 갇혀 버리는 것….
우리가 고통 받는 이유는 고통이 주어져서가 아니다.
진실로! 진실로! 진실로! 벗어나려 하지 않기 때문이다.
실제로 고통은 고통이 아니지만, 우리들의 틀 속에서 고통은 고통이 되어 버린다.

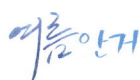

나란히 나란히 나란히 ~~

끝이 똑똑 떨어지게 반듯반듯 잘린 깍두기를 보고 있으니, 스님네들의 살림살이 같다.
옷장의 옷도 반듯반듯! 댓돌 위의 고무신도 반듯반듯!
이불장의 이불도 반듯반듯! 서랍 속의 물건들도 반듯반듯!
해이해진 마음도 다잡아서 반듯반듯!
도량이 청정하여 더러움이 없으면 삼보와 천룡이 강림하신다고 한다.
온 우주를 덮고도 모자람이 없는 우리들의 마음을 끝이 없는 도량으로 삼아
그곳에서 만나는 모든 인연들에게 감사하자!

여름안거 recipe 16

깍두기볶음

재료

깍두기, 청고추

양념재료

들기름

만들기

1. 깍두기 담그는 법은 『불영이 감춘 스님의 비밀레시피』 책을 참고한다.
2. 더운 여름, 깍두기가 많이 삭아서 먹기 힘들어지면 들기름에 깍두기를 볶아 먹으면 맛있다.
3. 청고추를 어슷 썰어 마무리한다.

전국의 냉병으로 고생하시는 선방스님께
따뜻한 사랑을 보냅니다.

여름안거 recipe 17

메밀김치수제비

재료

메밀가루, 밀가루, 김치, 감자, 무, 생표고버섯, 애호박, 당근, 청·홍고추

양념재료

채수, 집간장, 굵은소금, 김치국물

만들기

1. 김치국물을 곱게 걸러 메밀가루와 밀가루에 부어 치댄 후 비닐에 넣어 반죽을 숙성시킨다.
2. 김치는 먹기 좋게 썰고, 감자는 반달 모양으로, 애호박과 당근, 무는 직사각형 모양으로, 생표고버섯은 편 썰기 한다.
3. 청·홍고추는 어슷 썬다.
4. 채수가 끓으면 김치, 표고버섯, 무, 감자를 먼저 넣고 집간장과 굵은소금으로 간을 한 후, 수제비 반죽을 떼어 넣고 반죽이 떠오를 때 나머지 야채를 넣고 끓인다.
   (수제비 반죽을 부드럽게 즐기고 싶으면 홍두깨로 반죽을 밀어 가면서 얇게 떼어 넣으면 씹지 않아도 될 만큼 부드러운 수제비가 된다.)

메밀은 열을 내리고 독을 제거해 주는 작용을 한다.
소화흡수율이 좋은 반면 몸을 냉하게 하므로 위장이 좋지 않거나 알레르기성 체질은 금한다.

〈 비빔양념 만들기 〉

재료 : 고추장, 매실진액, 고춧가루, 식초, 고추냉이, 통깨,
파인애플 또는 사과즙(갈아서 넣거나, 반은 즙을 내고 반은 잘 다져서 양념에 섞어도 좋다)

과일이 양념에 섞이는 시간이 필요하므로 식사 한 끼 전에 양념을 미리 준비해 둔다.
고추장비빔양념에는 사과나 파인애플즙이 어울리고, 간장비빔양념에는 배즙이 잘 어울린다.

여름안거 recipe 18

김치비빔국수

재료

김치, 소면, 애호박, 당근, 건표고버섯

양념재료

포도씨유, 비빔양념, 깨소금, 참기름

만들기

1. 김치는 먹기 좋게 채 썬다.
2. 애호박과 당근도 채 썰고, 건표고버섯은 물에 불려 물기를 꼭 짠 후 채 썬다.
3. 각 재료를 포도씨유에 잘 볶는다.
4. 냄비에 물을 붓고, 물이 끓으면 소면을 삶아 찬물에 헹궈 체에 건진다.
5. 헹궈 낸 면을 준비한 재료와 비빔양념을 적당히 넣어 고루 잘 비빈다.
6. 깨소금과 참기름으로 마무리한다.

여름안거 recipe 19

김치두부덮밥

재료

김치, 두부, 호박, 당근, 팽이버섯, 감자, 감자전분

양념재료

채수, 포도씨유, 들기름, 참기름, 깨소금, 집간장

만들기

1. 김치는 정사각형 모양으로 먹기 좋게 썰고 호박, 당근, 팽이버섯, 감자는 적당한 크기로 다진다.
2. 두부는, 반은 깍둑썰기 하고 반은 으깬다.
3. 프라이팬에 포도씨유를 두르고, 팬이 달구어지면 들기름을 그 위에 살짝 둘러 준비된 1번을 볶는다.
4. 야채가 어느 정도 익으면 채수를 약간 부어 2번을 넣고 집간장으로 간한 뒤,
   물에 푼 감자전분(감자를 갈아서 이용해도 됨)을 조금 넣고 잘 저어 준다.
5. 깨소금과 참기름으로 마무리한다.

덮밥은 간편하면서도 한 그릇에 온갖 영양을 담고 있다.
가끔 우리의 일상을 들여다보면,
너무 간단하고 손쉬운 일이라 생각하여 일을 그르치는 경우가 있다.
예전에 아주 맛있게 잘 만들던 요리도 어떤 날은 예상하지 못했던 맛이 나기도 한다.
그 속에서 스스로 안다고 믿고 왔던 것들이 아는 게 아니라는 걸 깨닫게 된다.

'옷이 날개'라는 말처럼, 김치를 싫어하던 아이들도
이렇게 준비한 것은 절대 거부하지 못할 거다.
김치의 변신은 엄마의 자비~.

여름안거 recipe 20

김치버거

재료

햄버거용 빵, 김치, 건표고버섯, 두부, 당근, 토마토, 양상추, 오이피클, 밀가루, 감자전분

양념재료

채식마요네즈, 포도씨유, 꿀, 소금, 매실진액

만들기

1. 두부는 시아자루에 넣어 으깨면서 물기를 제거하고 표고버섯, 당근, 김치는 잘게 다진다. (건표고버섯은 물에 불려 꼭 짠 후 다진다. 이때 표고버섯 불린 물은 버리지 말고 채수 만들 때 사용한다.)
2. 으깬 두부에 다진 재료를 넣고 소금으로 간한 뒤 밀가루(구울 때 모양이 부서지지 않게 하기 위해)와 감자전분(재료를 바삭하게 해 줌)을 재료가 조금 뭉쳐질 정도로 섞어 잘 치댄 다음, 햄버거 안에 들어갈 모양으로 넓적하게 만든다.
3. 팬에 포도씨유를 두르고 노릇노릇 두 번 굽는다.
4. 양상추는 흐르는 물에 잘 씻어 먹기 좋게 손으로 뜯어 놓고 토마토는 얇게 편 썰기 한다.
5. 채식마요네즈(217P 참고)에 오이피클을 다져 넣고 꿀과 매실진액을 넣어 새콤달콤한 소스가 완성되면 손질해 놓은 양상추를 버무린다.
6. 빵에 토마토를 올리고, 3번과 5번을 올리면 아이들도 좋아하는 김치버거가 완성된다.

여름안거 recipe 21

감자김치전

재료

감자, 김치, 애호박, 표고버섯

양념재료

포도씨유, 밀가루, 소금

만들기

1. 감자는, 반은 갈고 반은 얇게 채 썬다.
2. 간 감자는 체에 받쳐 감자에서 나온 물기를 제거한다.
3. 김치는 꼭 짠 뒤 채를 썰고, 애호박과 표고버섯도 얇게 채 썬다.
4. 1번에 3번과 밀가루를 적당히 잘 섞어 소금으로 간한다.
5. 프라이팬에 포도씨유를 두르고 먹기 좋게 부친다.
   (전을 부칠 때, 처음에 살짝 익혔다가 빈 프라이팬에 다시 부쳐 주면
   처음 먹었던 기름을 빼는 역할을 하기 때문에 느끼하지 않고 좀 더 바삭하게 즐길 수 있다.)

어두운 땅 속에 숨어 있던 감자가
스님들의 호미질 한번에 와장창 쏟아져 나오는 날이면
같은 조건 속에서도 각기 다른 모습을 한 녀석들을 통해
삶의 다양성을 받아들이는 가슴을 배운다.

어떻게 하면 마음이 편안해집니까?
천일염
소금을 가지고 바다로
들어가 보아라!

예?
왜요?
바닷물은 어차피 짠데,
굳이 소금을 바다에?
스님이 먼저 시범을 보여주세요.

가긴 가야겠는데…
바쁘다 바빠~ 뭘 챙기지?
튜브? 전화? 돈? 선크림?

소금을 가지고 들어오랬더니
자기 생각으로 온통 가득 차 버린 나머지
그 깊은 뜻을 도무지 알 길이 없습니다.
헤아릴 수 없는 바다에 들어가 보면 알 수 있을 것을
너무나 너무나 괴롭다 말하면서
어떻게 해야 할지 묻기만 묻습니다.

행行이 없는 삶은
껍데기에 속는 죽은 삶입니다.

푸른 하늘이라 부르는 순간,

하늘은 다른 그 어떤 색도 가질 수 없었다.

물들지 않는 텅 빔이 푸른 하늘이 될 수 있는 건

스스로 어떤 것도 고집함이 없기 때문인데,

우린 잠시 동안의 현상을

'푸르다'라고 쉽게 단정해 버린다.

가을 안거

충분히 경험되지 않은 건
고통과 기쁨이라는 치우친 갈증 속에서
절대 자유로울 수 없지만,
그 어떤 것도 고정된 것이 없음을 본 유연함은
둘을 끌어안으면서
결국 둘을 제대로 떠날 수 있다.

고추따기 울력

一日不作이면 一日不食이라
'하루 일하지 않으면 하루 먹지 않는다'

_백장회해 스님의 백장청규

가을안거 recipe 1

배추김장김치

재료

배추

양념재료

김치기본양념, 굵은소금

만들기

1. 배추는 겉잎과 뿌리를 다듬어 반으로 갈라 소금물에 담근 다음, 켜켜이 소금을 뿌려 절인다.
2. 배추가 숨이 죽으면 깨끗이 헹군 뒤 소쿠리에 받쳐 물기를 뺀다.
3. 켜켜이 김치기본양념을 바르고 항아리에 담는다.

가을안거 recipe 2

우엉김치

재료

우엉

양념재료

김치기본양념, 굵은소금

만들기

1. 우엉은 껍질을 벗겨 납작하게 썬다.
2. 납작하게 썬 우엉은 소금물에 데쳐서 건진 후 물기를 빼고 식힌다.
3. 식힌 우엉을 김치기본양념에 잘 버무려 바로 먹는다.

우엉은 오장의 나쁜 사기를 제거하고, 신장 기능을 도와 체내에 쌓여 있는 노폐물의 배설을 순조롭게 하고, 혈액순환을 촉진해 나쁜 피를 밖으로 내보내며, 식물성 섬유가 풍부해서 변통을 촉진하고 장내에 유익한 세균을 번식시킨다.

진흙 속에 뿌리 내리고 있던 연근이 우리들의 일부가 되었다.
수행자에게 있어 음식은 배고픔도 배부름도 아닌 하나이다.
더러움 속에서도 따로이 청정을 구하지 않는 사람….
그에게 삶은 모두를 받아들이는 지금이다.

가을안거 recipe 3

연근김치

재료

연근, 미나리, 밤

양념재료

김치기본양념, 검은깨, 굵은소금

만들기

1. 연근은 얇게 썰어 소금물에 담가 약하게 간을 한 뒤, 한 번 헹구어 소쿠리에 건져 물기를 뺀다.
2. 미나리는 다듬어 적당한 크기로 썰고, 밤은 편 썬다. (당근, 대추, 배 등을 고명으로 함께 사용해도 된다.)
3. 김치기본양념에 고명을 잘 섞어 연근이 부서지지 않도록 잘 버무린다.
4. 검은깨로 마무리한다.

가을안거 recipe 4

고춧잎김치

재료

고춧잎, 고추, 감자, 배, 홍고추, 잣

양념재료

고춧가루, 생강, 채수, 매실진액, 굵은소금, 통깨

만들기

1. 고춧잎과 고추를 소금물에 절인 다음, 2~3번 헹구어 소쿠리에 받쳐 물기를 뺀다.
2. 감자를 갈아 죽을 쑨 다음 채수와 생강, 배, 홍고추를 믹서에 갈아 섞는다.
3. 2번에 고춧가루와 매실진액을 약간씩 넣어 양념을 완성한다.
4. 고춧잎과 고추를 준비된 양념으로 버무려 잣과 통깨로 장식한다.

오미자五味子는 다섯 가지 맛이 난다 하여 붙은 이름이다.
그 맛은 우리 몸의 오장과도 연결이 되는데 오미자의 단맛은 비장, 짠맛은 신장, 매운맛은 폐, 신맛은 간장, 쓴맛은 심장으로 연결되어 기운을 보한다고 한다.

가을안거 recipe 5

오미자백김치

재료

오미자, 배추, 석이버섯, 밤, 대추, 홍고추, 배, 찹쌀가루, 미나리

양념재료

채수, 생강, 굵은소금

만들기

1. 오미자를 물에 담가 오미자 물을 우려낸다.
2. 물에 굵은소금을 풀어 배추를 절인 뒤 헹구어 소쿠리에 건져 물기를 뺀다.
3. 찹쌀풀을 묽게 쑤어 적당한 양만큼 채수와 섞고 소금으로 간한다.
4. 배, 생강을 갈아서 즙만 걸러 3번에 오미자 우린 물과 함께 섞는다.
5. 석이버섯, 밤, 대추, 홍고추, 배는 손질하여 채 썰고, 미나리는 다듬어 씻는다.
6. 4번에 채 썬 재료를 넣고 잘 섞어 소를 만든다.
7. 절여진 배추 사이사이에 소가 분리되지 않도록 잘 넣고 미나리로 묶어 준다.

가을안거 recipe 6

천문동약초김치

재료

배추, 천문동, 밤

양념재료

김치기본양념, 굵은소금

만들기

1. 천문동은 깨끗이 씻어 따뜻한 물에 30분 정도 담가 둔 다음, 건져서 적당한 크기로 썬다.
2. 배추는 잘 다듬어 두 쪽으로 나눈다.
3. 물에 굵은소금을 풀어 배추를 절인 뒤 헹구어 소쿠리에 건져 물기를 뺀다.
4. 김치기본양념에 천문동과 편 썬 밤을 넣어 섞은 후, 배추에 잘 버무린다.

천문동天門冬의 효능

하늘의 문을 열어 주는 겨울약초로 몸이 가벼워지고 정신이 맑아져서,
하늘로 오를 수 있게 한다는 약초.
성질이 차면서도 몸을 보하는 작용이 있어 몸이 허하면서도 열이 있을 때 쓴다.
천문동은 점액질이 많고 빛깔이 희므로 폐와 신장으로 들어가서 신장의 음액陰液을 늘려
장기의 허열虛熱을 없앤다. 신장의 기 순환을 원활히 하여 마음을 진정시키고 배설이 잘되게 한다.
여러 가지 풍風 · 습濕으로 갑자기 몸 한쪽에 감각이 없는 것을 치료하며 골수를 보충해 주기도 한다.

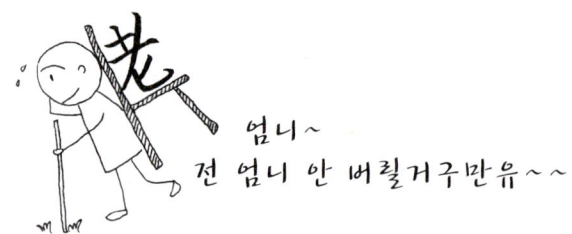

엄니~
전 엄니 안 버릴거구만유~~

속이 꽉 찬 호박을 두고 두고 또 두었더니, 속이 텅 빈 늙은호박이 되었다.
호박을 오래 두면 맛과 영양이 빼놓을 수 없는 약이 되는데, 현대를 살아가는 우리들은
눈앞에 놓인 현실에 급급해 자신 또한 늙어 간다는 것을 생각하지 못하고
부모에 대한 은혜를 쉽게 저버린다. 자신들의 가치를 발견하지 못하기 때문에
부모에 대한 원망으로 은혜를 갚고, 모순적이게도 자신은 자식들과 행복하길 바란다.
세상의 잣대로 부모를 판단하기엔 우린 너무 큰 은혜를 입었다.
자신의 존재에 대한 감사함도 모른 채 어찌 누구를 사랑할 수 있단 말인가!

가을안거 recipe 7

늙은호박김치

재료

늙은호박, 배추, 무청, 잣

양념재료

김치기본양념, 굵은소금

만들기

1. 배추는 잘 다듬어 먹기 좋은 크기로 썬다.
2. 무청도 잘 다듬어 적당한 크기로 썬다.
3. 물에 굵은소금을 풀어 배추와 무청을 절인 뒤, 헹구어 소쿠리에 건져 물기를 뺀다.
4. 늙은호박은 깨끗이 씻어 껍질을 벗기고 씨와 속을 긁어낸 다음 적당한 크기로 썰어 소금을 뿌려 절인다.
5. 절여진 호박에 배추와 무청, 김치기본양념, 잣을 골고루 섞고 잘 버무린다.

밭에서 무를 뽑는 날이면, 산삼효능을 보느라 다들 바쁘다.
즉석에서 무를 깎아 먹는 재미와 맛은 어느 때보다 행복하다.
맛나게 먹고 트림이 나오지 않으면….
오늘은 "심봤다~~~."

가을안거 recipe 8

무소박이

재료

총각무, 미나리, 밤, 잣

양념재료

김치기본양념, 굵은소금

만들기

1. 총각무는 다듬어 4시간 정도 소금물에 절인 다음 헹궈 소쿠리에 건져 물기를 빼고 칼집을 넣어 준다.
2. 무청과 미나리는 씻어 적당한 크기로 잘라 소금에 절인 다음 헹궈 소쿠리에 건진다.
3. 김치기본양념에 절인 무청과 미나리, 밤, 잣을 섞어 소를 만든 다음 칼집을 넣은 총각무 속에 잘 넣는다.
4. 익혔다가 적당한 크기로 썰어 먹는다.

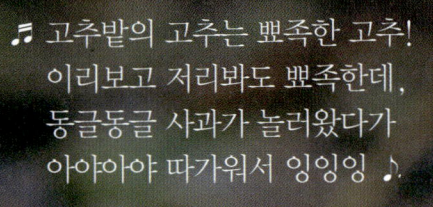

♬ 고추밭의 고추는 뾰족한 고추!
이리보고 저리봐도 뾰족한데,
동글동글 사과가 놀러왔다가
아야아야 따가워서 잉잉잉 ♪

우리는 여러 가지 일에 화를 내며 살아간다.
모두 내 마음에 있기 때문에 보이는 거라고 이론으론 너무 잘 알지만, 이 일 저 일 하루에도 몇 번씩 화가 나는 자신을 인정하기는 그리 쉽지 않다. 그러다 보니 늘 상대가 잘못되었다는 걸 내세워야 한다. 상대가 그렇게 말하고 행동할 때 내 안의 무엇 때문에 화가 나는지를 분명하게 살피고 또 반문해야 한다. 무작정 화를 참는 사람 중에는 화를 밖으로 분출하지 못하는 습관 속에서 자신은 화내지 않는 사람이라고 스스로를 포장하는 사람도 있다.
화가 난 자신의 마음을 인정하고 마주하면 순간의 고통은 사라진다.

가을안거 recipe 9

고추씨백김치

재료

배추, 홍고추, 배, 찹쌀가루

양념재료

생강, 고추씨, 채수, 굵은소금

만들기

1. 배추는 잘 다듬어 두 쪽으로 나눈다.
2. 물에 굵은소금을 풀어 배추를 절인 뒤 헹구어 소쿠리에 건져 물기를 뺀다.
3. 찹쌀풀을 묽게 쑤어 적당한 양만큼 채수와 섞은 다음 소금으로 간한다.
4. 홍고추, 배, 생강은 갈아서 즙만 걸러 3번에 고추씨와 함께 섞는다.
5. 만들어진 양념을 절인 배추에 잘 발라 실외에서 일주일 정도 숙성시킨 후 냉장 보관한다.

문풍지 울력

성주괴공成住壞空

봄이 되면 잠들어 있던 모든 생명의 내면을 흔들어 깨우고,
가을이 되면 밖으로 향해 있던 모든 생명을 흔들어
무거운 짐을 내려놓게 한다.

두 팔을 벌려 마음껏 햇살 받으며 나놀던 아이들이
묵은 때를 벗고 새 옷을 입었다.
이제 겨울이 와도 두렵지 않다.
세상의 변화를 탓하기 전에
스스로 그 변화를 받아들일 준비가 끝났기 때문이다.

가을안거 recipe 10

갓김치

재료

갓, 찹쌀가루

양념재료

생강, 고춧가루, 채수, 매실진액

만들기

1. 채수에 찹쌀풀을 끓인다.
2. 고춧가루를 적당히 넣고, 생강을 갈아 넣는다.
3. 김치양념이 만들어지면, 똑같은 비율만큼 매실진액을 섞는다.
4. 잘 다듬어 씻은 갓에 양념을 발라 보관한 다음 익혀 먹는다.

갓이 많이 익었을 경우, 양념을 살짝 씻어 내고 들기름에 조금 버무려 놓았다가 채수를 적당히 넣고 푹 끓여 내면 갓의 매운맛이 국물에 우러나와 시원하면서도 부드러워 이가 불편하신 노스님들께서 매우 좋아하신다.

가을안거 recipe 11

송이보쌈김치

재료

배추, 무, 배, 밤, 홍고추, 송이버섯, 석이버섯

양념재료

김치기본양념, 굵은소금

만들기

1. 배추는 뿌리를 다듬어 반으로 갈라 소금에 절인다.
2. 절인 배추가 숨이 죽으면 깨끗이 헹군 뒤 소쿠리에 건져 물기를 뺀다.
3. 무, 배, 밤, 홍고추, 석이버섯은 채 썬다.
4. 송이버섯은 깨끗이 손질하여 적당한 크기로 썬다.
5. 김치기본양념에 3번과 4번을 섞어 절여진 배추 사이사이에 속이 빠지지 않도록 잘 넣는다.
6. 실온에 두었다가 익기 시작하면 냉장 보관한다.

똑같이 막 따 온 고추라도 그 중에는 병이 든 것도 있다.
어디든 신선한 재료를 쓰면 좋지만,
재료의 상태에 따라 양념간장에 들어가기도 하고,
김치에 쓰기도 하고, 국에 넣기도 한다.
그 속에서 주어진 음식에 대한 소중함과 함께
재료들을 버리지 않고, 상황에 맞게
적절히 쓰는 지혜를 배우게 된다.
재료의 좋고 나쁨에 따라 자신의 마음을 분별한다면
그건 정성스러운 공양의 자세가 아니다.

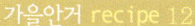

가을안거 recipe 12

고추김치

재료

고추, 당근, 무, 미나리, 배, 찹쌀가루, 홍고추

양념재료

채수, 굵은소금, 생강

만들기

1. 고추는 깨끗이 씻어 한쪽을 가른 다음 씨를 뺀다.
2. 채수에 찹쌀풀을 묽게 쑤어 식힌다.
3. 생강, 홍고추, 배를 믹서에 갈아 시아자루에 넣어 꼭 짠 후 2번에 섞고 소금으로 간한다.
4. 당근, 무는 씻어 곱게 채 쳐서 소금에 살짝 숨이 죽을 정도만 절인 다음, 물에 헹궈 체에 받쳐 둔다.
5. 미나리도 다듬어 적당한 크기로 썬 다음, 살짝 소금에 절여 물에 헹궈 체에 받친다.
6. 잘 절인 당근, 무, 미나리를 고루 섞어 고추 속을 채운 다음
   3번 국물을 자작하게 부어 상온에서 익힌 후 냉장 보관한다.

"

이 음식에 담겨 있는 많은 공력 생각하니
과연 내가 받을 자격 온전하게 갖추었나
욕심스레 먹으려는 마음 허물 비워 두고
몸의 건강 지탱하는 양약으로 생각하여
깨달음을 이루고자 이 공양을 받으리라.

"

가을안거 recipe 13

섞박지

재료

무

양념재료

김치기본양념, 굵은소금

만들기

1. 무는 씻어서 큼직큼직 어슷하게 썬다.
2. 소금물에 무를 넣고 3시간 정도 절여 소쿠리에 받쳐 물기를 뺀다.
3. 김치기본양념에 절인 무를 넣고 잘 버무려 준다.

귀한 재료를 대할 때는 행여나 껍질도 씻겨 내려갈까 온 정성을 기울이게 된다.
우리는 모두 송이버섯처럼 대접 받고자 하지만,
정작 자신의 가치를 송이버섯처럼 귀히 여겨 행동할 줄은 모른다.
개송이버섯은 송이버섯과 아주 닮았지만 송이버섯이 아니다.
아무리 품격이 높은 사람인 체해도 그것이 그 사람을 결정 짓진 않는다.

가을안거 recipe 14

송이나박물김치

재료

무, 배추, 송이버섯, 미나리, 오이, 배, 홍고추, 보리쌀

양념재료

생강, 굵은소금

만들기

1. 무는 다듬어 납작하게 썰고, 배추도 비슷한 크기로 썬다.
2. 보리쌀은 푹 삶아 믹서에 간다.
3. 시아자루에 믹서에 간 보리쌀을 넣고, 물 양을 잡아 치대서 풀물을 낸다.
4. 소금으로 간을 하고 배, 생강, 홍고추는 갈아서 즙만 걸러 섞는다.
5. 오이는 길게 반을 갈라 속을 파내고 적당한 크기로 썬 다음 소금물에 절인다.
6. 미나리는 다듬어 씻은 다음 적당한 크기로 썰고, 홍고추는 어슷 썬다.
7. 송이버섯도 깨끗이 씻어 적당한 크기로 썬다.
8. 만들어진 국물에 각종 재료를 넣고 하루 정도 실온에 보관한다.

모두가 아름답게 피어나 자신의 청정을 말해도
묵묵히 그들의 가슴을 담는 진흙이게 하소서.

모두가 아름답게 피어나 자신의 향기를 뿜어도
묵묵히 그들의 근본을 지키는 진흙이게 하소서.

모두가 아름답게 피어나 자신의 빛을 밝혀도
묵묵히 그들의 어둠 속을 지키는 진흙이게 하소서.

훗날 그 아름다움에 제 존재가 가여울 때
그때 그 진흙이 진흙이 아니었음을 알게 하소서.

가을안거 recipe 15

생김치찌개

재료

막 담근 김장김치, 팽이버섯, 표고버섯

양념재료

채수, 참기름, 집간장, 소금

만들기

1. 막 담근 김장김치를 적당히 썰어 참기름을 살짝 넣고 버무린다.
2. 팽이버섯은 다듬어 낱낱이 찢고, 표고버섯은 편 썬다.
3. 냄비에 1번을 넣고 볶다가 팽이버섯과 표고버섯을 함께 넣어 볶는다.
4. 어느 정도 재료가 볶아지면 채수를 붓고 푹 끓인다.
5. 집간장과 소금으로 간한다.

생김치찌개는 배추 자체의 맛이 우러나와 김치찌개보다 훨씬 시원하고 깔끔한 맛을 즐길 수 있다.

가을안거 recipe 16

두부김치 유자청조림

재료

두부, 김치, 당근, 고추

양념재료

채수, 유자청, 조림간장, 포도씨유, 감자전분

만들기

1. 두부는 시아자루에 넣고 으깨어 물기를 제거한다.
2. 당근과 고추는 잘게 다진다.
3. 김치는 물기를 빼고 쫑쫑 다진다.
4. 1, 2, 3번을 섞어 동그랗게 빚어
   감자전분에 굴린 후 포도씨유에 튀긴다.
5. 채수에 조림간장으로 간을 하고 유자청을 넣고 끓이다가,
   튀겨 낸 두부김치완자를 넣고 조려 준다.

가을안거 recipe 17

고구마김치고로케

재료

고구마, 김치, 파프리카, 옥수수, 밀가루, 빵가루

양념재료

올리브유, 후추

만들기

1. 고구마는 쪄서 껍질을 벗기고 으깬다.
2. 김치는 고춧가루를 어느 정도 털어 내고 잘게 썰어, 물기가 빠지도록 체에 받쳐 둔다.
3. 파프리카는 색깔별로 조금씩 다진다.
4. 으깬 고구마에 김치, 파프리카, 옥수수를 섞는다.
5. 소금 간은 따로 하지 않고 후추만 조금 넣는다.
6. 섞은 재료를 동그랗게 뭉친 다음 밀가루→튀김옷(밀가루 물)→빵가루 순으로 묻힌다.
7. 프라이팬에 올리브유를 넉넉히 두르고 노릇노릇하게 구워 낸다.

스님들은 안으로는 철저히 개인의 수행을 점검하지만, 밖으로는 많은 스님들과 함께 생활한다.
처음엔 그 생활이 익숙하지 않아 여러 가지 불편들이 생기지만,
그 가운데서 자신의 마음을 살필 수 없다면 우리는 차라리 무인도에서 혼자 수행하는 게 나을 것이다.
처음엔 빈 소쿠리도 같이 들어야 한다고 하는 얘기가 마음에 와 닿지 않다가
어느 순간 수행이라는 거짓 이름으로 모든 것에 무관심해져 있는 이기적인 자신을 보게 되었을 때,
그 말의 의미를 가슴으로 느끼게 된다.
김치는 유산균이 많은 반면, 소금에 절여서 먹기 때문에 나트륨 함량이 높다.
그래서 칼륨 함량이 높은 고구마와 함께 먹으면
고구마의 칼륨이 김치의 나트륨을 배출시키기 때문에 서로를 보완하는 좋은 음식이 된다.

가을안거 recipe 18

김치능이콩나물죽

재료

김치, 능이버섯, 밥, 콩나물

양념재료

채수, 집간장, 소금

만들기

1. 능이버섯은 흙이 들어가지 않도록 물에 불려 잘 다듬는다.
2. 냄비에 능이버섯 불린 물과 채수를 섞어 끓인다.
3. 채수가 끓으면 다진 김치를 넣고 집간장과 소금으로 간한 다음 능이버섯을 넣는다.
4. 3번이 끓으면 밥과 콩나물을 넣는다. 시원한 맛을 더 내려면 고추를 사용해도 좋다.

가끔 감기에 걸리거나 몸이 많이 지칠 때면
말려 놓은 능이버섯에 따뜻한 물을 부어 차처럼 마시기도 한다.
어느 정도 우려내고 나면 능이를 건져 죽염에 찍어 먹는다.

가을안거 recipe 19

김치스파게티

재료

스파게티면, 토마토, 월계수 잎, 씻어 다진 김치,
파프리카, 양송이버섯, 표고버섯, 양배추, 옥수수,
완두콩, 모차렐라치즈가루, 감자 간 것

양념재료

올리브유, 꿀, 소금, 고추장, 후추

만들기

1. 팬에 올리브유를 두른 후, 데쳐서 껍질을 벗긴 토마토와 월계수 잎을 넣어 오래도록 잘 저어 준다.
   (올리브유는 토마토의 신맛을 감하면서 토마토의 흡수를 도와준다.)
2. 토마토가 잘 익으면 기호에 맞게 꿀, 소금, 후추, 고추장을 넣어 가며 간을 더한다.
   (고추장은 토마토의 약한 맛을 진하게 하면서 깊은 맛을 낸다.)
3. 잘게 깍둑썰기 한 파프리카, 양배추, 표고버섯과 양송이버섯 편 썬 것을 기름이 너무 많지 않도록 하여 올리브유에 잘 볶는다.
4. 월계수 향이 잘 배었으면 잎은 건지고, 2번에 3번과 씻어 다진 김치, 옥수수, 완두콩, 감자 간 것(전분 역할)을 넣어 중불에 계속 저어 가며 끓인다.
5. 어느 정도 완성되면 모차렐라치즈가루를 넣어 녹인다.
6. 잘 삶은 스파게티면을 접시에 담은 뒤 5번을 올린다. 치즈는 기호에 따라 더 얹어 먹는다.

가을안거 recipe 20

배추속대말이찜

재료

배추, 애호박, 당근, 고추, 두부, 당면

양념재료

집간장, 소금

만들기

1. 당근, 고추, 애호박은 깨끗이 씻어 잘게 다진다.
2. 두부는 시아자루에 넣어 으깨면서 물기를 제거한다.
3. 당면은 삶아 찬물에 헹군 뒤 건져서 잘게 다진다.
4. 두부와 다진 각종 재료를 섞어 소금과 집간장으로 간을 한다.
5. 배추는 누런 잎을 떼고 다듬어 두 쪽으로 나눈다.
6. 찜솥에 물을 붓고 배추를 살짝 찐다.
7. 배추가 익으면 꺼내어 밑동을 자른 후 한 장씩 펼쳐서 소를 올린 다음 잘 말아 준다.
8. 7번을 한 번 더 찐 다음, 적당한 크기로 썰어 그릇에 담는다.

연근곡류김치밥

재료

연근, 김치, 찹쌀, 수수, 콩, 현미, 차조

양념재료

들기름

만들기

1. 연근은 5㎝ 길이로 자르고 속을 파낸다.
2. 찹쌀, 수수, 콩, 현미, 차조는 불렸다가 20분 정도 삶아 찬물에 헹군다.
3. 김치는 잘게 다져서 들기름에 살짝 볶는다.
4. 속을 팔 때 생긴 연근도 잘게 다진다.
5. 2, 3, 4번을 잘 섞어 속을 파낸 연근 속에 채워 넣은 후 압력솥에 찐다.
   (연근이 잘 익지 않기 때문에 압력솥 추가 돌면 불을 낮추어 20분 정도 더 찐다.)

가을안거 recipe 22

김치콩비지찌개

재료

메주콩, 김치, 청·홍고추

양념재료

채수, 집간장, 들기름

만들기

1. 메주콩은 물에 충분히 불려 껍질을 벗겨 씻은 다음, 믹서에 물을 넣고 곱게 간다.
2. 잘 익은 김치는 적당한 크기로 먹기 좋게 썬다.
3. 냄비에 들기름을 살짝 두르고 김치를 잘 볶은 다음, 채수를 붓고 끓인다.
4. 갈아 놓은 콩을 넣고 눌어붙지 않도록 약한 불에 서서히 끓인다. 이때는 젓지 않는다.
5. 너무 많이 저으면 콩이 삭으므로 적당히 저으면서 콩 비린내가 나지 않도록 더 끓여 준다.
6. 청·홍고추는 어슷 썰어 마지막에 넣어 주고, 간이 부족하면 집간장으로 간한다.

스님들의 식단은 탄수화물이 많다 보니 영양 불균형으로 살이 찌는 경우가 있다.
그래서 천축선원에서는 꼭 잡곡을 섞어 밥을 짓는다.
노란콩에는 지방 세포의 크기를 작게 하는 사포닌이 풍부해 혈중 콜레스테롤을 줄이고
지방 합성을 억제해 비만을 예방할 뿐만 아니라,
장운동을 활성화해 배변을 쉽게 하므로 변비를 예방한다.

☆☆

개콘의 늪에 빠진 수행자

빰빰빰빠 ~~~~ 그의 운명은???

갑자기!

문이 스르르 열리고…

계속 내리던 비로 나무가 팽창되어
어설프게 닫은 문이 열려 버림

너무 놀라 몸과 마음이 일시에 사라져 버렸는데
밖은 정적만 흘렀다!

개콘의 늪은 정신이 들자 온데간데없이 사라져 버리고…

하필 그 순간에???

개콘의 '개'자도 생각나지 않도록
혼이 난 기분이랄까!!!

수행자가 정신을 놓고 있으면 깨달음은
가끔 무서운 현실을 동반하기도 한다.

하나의 뿌리가 만 갈래로 퍼져 나무를 지탱하듯
'나'는 또 만 가지의 번뇌 속에서 어리석은 '나'를 지탱한다.
뿌리 없는 나무는 살아갈 수 없지만,
만 가지의 어리석은 '나'를 쉬면
뿌리 없는 나무에서 꽃이 핀다.

겨울 안거

고통도 기쁨도 모두 떠난 그 자리에
다시 봄이 찾아올 때는
예전의 그 바람이 아니겠지!
모든 게 져 버린 가지에서
눈꽃이 눈부시게 피어났다 이내 진다.

항아리 가득 담가 놓은 동치미가 동이 나는 날이 있다. 바로 동짓날이다.
팥은 많이 먹으면 위산 분비를 촉진하여 생목이 오르는데,
무가 위산 분비를 억제해 주는 역할을 하기 때문에 동짓날 동치미와 함께 먹는다.
동치미 무는 채 썰어 무쳐 먹어도 맛이 좋다.
어두운 밤이 제일 긴 동지는 동시에 조금씩 밤이 짧아지는 시작점이기도 하다.
지금 이 순간 자신의 어두운 허물을 참회하고 순간순간 새롭게 시작하자!

겨울안거 recipe 1

동치미

재료

무, 돌산갓, 미나리, 청각, 배, 풋고추

양념재료

생강, 굵은소금

만들기

1. 무는 흙을 긁어 내고 깨끗이 씻는다.
2. 가을에 풋고추를 씻어 항아리에 담고 소금을 뿌려 보름 정도 미리 삭혀 둔다.
3. 물 15ℓ에 소금 2kg을 풀고, 배는 껍질째 깨끗이 씻은 다음 젓가락으로 찔러서 통째로 넣고, 생강은 편 썰어 넣는다.
4. 돌산갓, 미나리, 청각도 다듬어 씻어 넣는다.
5. 무를 넣고 대나무를 베어서 올린 후, 무가 잠기도록 돌로 눌러 놓는다.

겨울안거 recipe 2

동치미국수

재료

동치미, 소면

양념재료

깨소금

만들기

1. 동치미 무를 먹기 좋도록 가늘게 채 썬다.
2. 소면을 삶아 찬물에 헹궈 체에 받쳐 물기를 뺀다.
3. 2번에 동치미 국물을 붓고, 채 썬 무와 깨소금을 올린다.

겨울안거 recipe 3

석류나박물김치

재료

배추, 무, 배, 홍고추, 석류

양념재료

채수, 굵은소금, 생강

만들기

1. 배추, 무는 나박썰기 하여 소금물에 살짝 절여 헹궈 낸 다음 체에 받쳐 물기를 뺀다.
2. 홍고추는 적당히 썰어 채수와 함께 믹서에 간 다음, 시아자루에 걸러 고춧물을 낸다.
3. 고춧물에 적당량의 물과 석류, 생강과 배를 갈아서 즙만 섞는다.
4. 굵은소금으로 적당히 간을 한다.
5. 4번에 절인 배추와 무를 넣고 하루 정도 밖에 보관하였다가 석류를 까서 넣는다.

'묘할 묘妙' 자를 보면 '계집 녀女'에 '적을 소少'가 합쳐져 만들어진 글자이다.
소녀가 앞으로 어떻게 커 갈지… 꽃봉오리의 꽃이 어떻게 커 갈지…
도무지 헤아릴 수 없음을 비유한 말인지도 모르겠다.
석류나무에 맺힌 저 몽우리가 알알이 맺혀 스스로 입을 벌릴 때까지 그 기다림이
'성숙'의 이름으로 답해 주길 기대해 본다.
오늘 밥상에 오른 잘 익은 석류가 김치와 함께 묘용妙用을 부린다!

함께 모여 정진할 때 자신의 몸의 변화를 잘 관찰하는 것도 다른 사람에 대한 배려이다.
특히 감기는 무서울 만큼 전염성이 강하다.
우리는 보통 병에 걸리면 빨리 낫기 위해 병원을 찾지만,
그것이 진정 '아픔'이라는 고통 속에서 우리가 편안해질 수 있는 방법인지는
한번 깊이 생각해 볼 문제이다.
귤은 알칼리성 식품으로 신진대사를 원활히 하며 비타민 C가 풍부해
피로회복과 감기예방에 효과가 있다.

겨울안거 recipe 4

감귤물김치

재료

감귤, 배추, 무, 파프리카, 당근, 미나리, 배즙

양념재료

생강즙, 소금, 식초, 굵은소금

만들기

1. 배추는 반을 갈라 소금물에 절인 다음,
   숨이 죽으면 2~3번 헹궈 소쿠리에 받쳐 물기를 뺀다.
2. 감귤은 겉껍질을 제거한 다음 시아자루에 넣어 즙을 낸다.
3. 무는 채 썬 다음 소금물에 20분 정도 재워 둔다.
4. 감귤즙에 물, 생강즙, 배즙, 소금, 식초를 섞어 국물을 만든다.
5. 파프리카, 당근, 미나리는 다듬어 씻은 후 적당한 크기로 채 썬다.
6. 물기 뺀 배추를 밑동을 잘라 내고 속재료들을 적당히 넣어 잘 말아 준다.
7. 미리 만들어 놓은 국물을 붓고 적당한 크기로 썰어 신선할 때 바로 먹는다.

겨울안거 recipe 5

총각무김치

재료

총각무

양념재료

김치기본양념, 굵은소금

만들기

1. 총각무는 누런 잎을 제거하고 더러운 부분은 칼로 긁어 내어 깨끗이 씻는다.
2. 무는 큰 것은 4등분, 작은 것은 2등분하여 칼집을 넣어 준다.
3. 손질한 총각무에 굵은소금을 뿌려 2시간 정도 절여 둔다.(중간에 잘 절여지도록 뒤적여 준다.)
4. 적당히 잘 절여지고 나면 세 번 정도 깨끗하게 씻어 소쿠리에 받쳐 물기를 제거한다.
5. 김치기본양념으로 잘 버무린다.

허다한 신통묘용 분명한 나의 마음
어떻게 생겼는고 의심하고 의심하되
고양이가 쥐를 잡듯이 주린 사람 밥 찾듯이
목마를 때 물 찾듯이
육칠십 늙은 과부
외자식을 잃은 후에 자식 생각 간절하듯
생각생각 잊지 말고 깊이 궁구하여 가되
일념만년一念萬年 되게 하야….

(경허 스님 참선곡 中)

겨울안거 recipe 6

김치우거지찌개

재료

김치우거지, 생표고버섯, 팽이버섯, 고추

양념재료

채수, 된장

만들기

1. 김치우거지는 고춧가루를 훑어 내고 몇 가닥으로 찢어서 적당한 길이로 자른다.
2. 생표고버섯과 팽이버섯은 씻어서 잘게 다진다.
3. 채수에 된장을 연하게 풀고, 버섯과 김치를 넣고 끓인다.
4. 김치우거지가 무르도록 푹 익힌 뒤, 고추를 어슷 썰어 넣고 한번 더 끓인 뒤 불을 끈다.

겨울안거 recipe 7

청국장김치찌개

재료

김치, 청국장, 두부, 생표고버섯, 팽이버섯, 청고추

양념재료

된장, 굵은소금, 채수

만들기

1. 생표고버섯과 팽이버섯, 청고추는 다진다.
2. 김치는 먹기 좋게 네모 썰고, 두부는 깍둑썰기 한다.
3. 채수가 끓으면 다진 표고버섯과 팽이버섯, 김치를 넣는다.
4. 청국장을 적당히 풀고 깍둑썬 두부를 넣는다.
5. 간이 싱거우면 된장과 굵은소금으로 간하고, 두부가 떠오르면 다진 고추를 넣는다.

청국장 띄우는 법

콩을 4시간 정도 삶아 건진 후,
그림과 같이 방에서 3일 정도 띄우면 완성된다.
솔잎으로 덮어 두면 청국장 냄새를 줄일 수 있다.

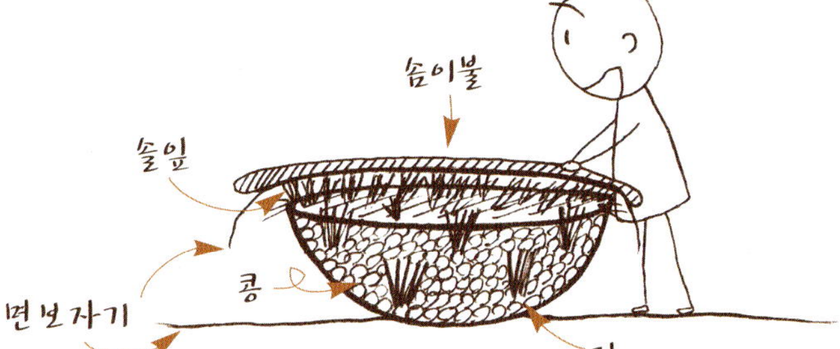

겨울안거 recipe 8

김치칼국수

재료

밀가루, 콩가루, 김치, 생표고버섯, 당근, 애호박, 청 · 홍고추, 김

양념재료

채수, 깨소금, 참기름, 집간장, 소금

만들기

1. 밀가루와 콩가루를 7:1로 반죽하여 한나절 정도 비닐에 넣어 숙성시킨다.
2. 김치는 적당한 크기로 썬다.
3. 표고버섯, 당근, 애호박은 채 썰고, 청 · 홍고추는 어슷 썬다.
4. 숙성된 반죽을 홍두깨로 밀어 칼국수면을 만들어 원하는 두께로 썬다.
5. 냄비에 채수를 붓고 김치와 표고버섯, 애호박, 당근을 넣고 끓인다.
6. 준비된 칼국수면을 넣고 적당히 삶아졌을 때 집간장과 소금으로 간한다.
7. 기호에 따라 깨소금, 참기름, 김을 올려 먹는다.

몇몇 불자님들 가운데 생일을 맞이한 분이 계시면
건강하게 오래 살고자 하는 염원으로 스님들께 국수를 공양 올리곤 한다.
삶은 그만큼 우리에게 큰 의미이다.
세상은 늘 시시각각 많은 것들을 우리에게 이야기하지만
우리는 눈으로 보고 귀로 듣고 코로 냄새 맡기 때문에
그 가운데 마음이 움직이는 걸 느끼지 못하는지도 모른다.

내 삶의 끝은 어디에…

겨울안거 recipe 9

김치튀김

재료

김치, 건표고버섯, 고추, 밀가루

양념재료

포도씨유

만들기

1. 건표고버섯은 물에 불려 물기를 꼭 짠 다음 적당한 크기로 다진다.
2. 고추와 김치도 적당한 크기로 다진다.
3. 다진 재료를 밀가루에 섞는다.
4. 기름 솥에 불을 붙여 기름이 달궈지면 적당한 크기로 떼어 내어 속까지 잘 튀겨 낸다.
   (김치가 잘 타므로 너무 센 불에서 튀기지 않도록 한다.)

불영사 천축선원 안거 중에 음력 9일, 19일, 29일이면 스님들이 삭발을 한다.
이때 공양간에서는 잔뜩 차려진 냄비 위로 스님들의 손놀림이 바쁘다.
자박자박 남은 국물에 들기름을 두르고 잘 익은 김치를 넣고
여럿이 한데 모여 밥을 볶아 먹으면, 그날 오후 정진은 수마睡魔와의 싸움이 된다.
극복하기 어려운 고통 속에서 우린 그것이 또 다른 나를 보게 하는 도구임을 안다.

겨울안거 recipe 10

버섯야채김치찌개

재료

김치, 각종 버섯(표고, 팽이, 목이, 느타리, 양송이, 만가닥),
각종 야채(배추, 호박, 당근, 무, 고추)

양념재료

채수, 양념장(고추장, 조림간장, 고춧가루, 들기름, 표고버섯가루)
고추냉이, 집간장, 조림간장

만들기

1. 양념장을 만든다.
   (고추장, 조림간장, 고춧가루, 들기름, 표고버섯가루를 팬에 넣고 볶는다.)
2. 냄비에 채수를 붓고 손질한 각종 버섯과 야채, 김치를 넣고 푹 끓인다.
3. 찌개가 끓으면 만들어 놓은 양념장과 집간장으로 기호에 맞게 간을 한다.
   버섯은 건져 고추냉이간장에 찍어 먹는다.

겨울안거 recipe 11

김치만두

재료

김치, 당면, 두부, 건표고버섯, 만두피

양념재료

참기름, 깨소금, 소금, 후추, 조림간장

만들기

1. 김치는 양념을 털어 내고 물기를 꼭 짜서 잘게 다진다.
2. 건표고버섯은 불린 후 꼭 짜서 잘게 다진 다음 조림간장으로 간하여 팬에 볶는다.
3. 당면은 불려서 삶은 다음 다진다.
4. 두부는 시아자루에 넣어 으깬 후 물기를 꼭 짠다.
5. 준비된 재료를 물기를 꼭 짜고 함께 섞어 참기름, 깨소금, 소금, 후추를 넣어 간을 맞춘다.
6. 만두피에 준비된 소를 적당히 넣고 빚은 다음 가마솥에 쪄 낸다. (그 외 애호박, 양배추, 당근, 무 등 기호에 맞게 재료를 추가해서 쓴다.)

만두 빚는 울력을 할 때 만두를 넉넉하게 만들어 냉동실에 잘 보관해 두었다가,
만둣국을 끓여 먹거나 들기름에 구워 먹어도 또 다른 별미를 즐길 수 있다.

겨울안거 recipe 12

김치말이만두화전

재료

김치, 무, 건표고버섯, 호박, 당근, 당면, 고추, 두부, 유부

양념재료

채수, 집간장, 고추냉이간장

만들기

1. 김치는 속을 털고 물기를 꼭 짜서 머리를 자른다.
2. 건표고버섯은 물에 불려 물기를 꼭 짠 후 잘게 다진다.
3. 고추는 씨를 빼고 잘게 다진다.
4. 두부는 시아자루에 넣고 으깨어 물기를 제거한다.
5. 당면은 물에 불려 두었다가 끓는 물에 삶아 찬물에 헹군 뒤 물기를 빼고 잘게 다진다.
6. 물기를 제거한 두부에 다져 놓은 각종 재료를 섞어 소를 만들고, 김치를 펴서 소를 놓고 잘 만다.
7. 냄비에 무를 깔고 유부, 호박, 당근을 곁들인 후 김치말이를 넣고 채수를 부어 끓인다.
8. 집간장으로 간을 하고 고추냉이간장에 김치말이만두를 찍어 먹는다.

겨울안거 recipe 18

김치팽이전

재료

김치, 팽이버섯, 밀가루, 우유, 옥수수전분

양념재료

포도씨유

만들기

1. 김치는 양념을 털어 내고 물기를 꼭 짠 다음, 머리만 자른다.
2. 팽이버섯은 밑동을 자르고 씻은 후 가지런히 찢는다.
3. 밀가루에 물, 우유, 옥수수전분(조금)을 넣고 반죽을 만든다.
4. 포도씨유 두른 팬에 머리만 자른 김치를 반죽에 담근 후 올리고 그 위에 팽이버섯을 가지런히 올려 노릇노릇 부친다.
(우유는 맛을 좀 더 부드럽게 하고, 옥수수전분은 바삭한 맛을 더한다.)

겨울안거 recipe 14

김치샐러드

재료

김장김치, 옥수수콘, 파프리카

양념재료

채식마요네즈 (두부, 두유, 잣, 호두, 소금, 레몬즙, 올리브유)

만들기

1. 잘 익은 김장김치는 깨끗이 씻어 먹기 좋게 채 썬다.
2. 파프리카는 얇게 채 썬다.
3. 믹서에 두부, 두유, 잣, 호두를 넣고 믹서한다.
4. 올리브유와 레몬즙을 넣고 다시 믹서한다.
5. 기호에 따라 소금으로 간한다.(단맛을 원할 경우엔 조청을 사용한다.)
6. 1번에 옥수수콘과 파프리카를 버무린 후 소스를 얹는다.

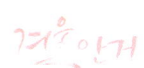

겨울안거 recipe 15

김치두부조림

재료

김치, 무, 감자, 두부, 건표고버섯, 고추

양념재료

채수, 양념장(조림간장, 깨소금, 참기름, 청고추 다진 것)

만들기

1. 두부는 먹기 좋게 썬다.
2. 김치도 적당한 크기로 썬다.
3. 감자는 반달 모양으로 썰고, 고추는 어슷 썬다.
4. 두부가 끓는 과정에 눋지 않고 국물의 시원한 맛을 더하기 위해 무를 썰어서 냄비 바닥에 깐다.
5. 무 위에 두부와 김치, 감자, 양념장을 켜켜이 놓는다.
   (김치에 간이 있으므로, 짜지 않도록 양념장은 조금씩 놓는다.)
6. 채수를 넉넉히 붓고 건표고버섯을 몇 장 넣어 준다.
   센 불에서 끓이다가 조금 끓고 나면 불을 낮춰서 두부 속까지 간이 배도록 서서히 조린다.
7. 마지막으로 어슷 썬 고추를 넣고 다시 불을 올려 조금 더 끓인다.

두부는 살이 찌지 않는 치즈라고 불릴 정도로 단백질 성분이 다량 함유된 식품이다.
채식을 하는 사람들에겐 빠져서는 안 될 중요한 메뉴이기도 한다.
미국 헌팅건 박사는 비교해부학을 통해 인간은 본래 채식을 했다는 것을 밝힌 적이 있다.
인간은 장의 길이가 육식동물보다 길어 육식을 할 경우,
먹은 고기가 장시간 장에 머물러 만들어진 독소가 체내에 흡수되어 건강을 해칠 뿐만 아니라,
체내의 독소를 제거하는 간에도 큰 부담을 주게 된다고 한다.

일요일이면 아이들 법회가 열린다. 그날 메뉴는 아이들이 좋아하는 것으로 정한다.
요즘 아이들은 방학 중에도 학원을 다니느라 아이들의 소원이 '쉬고 싶다'일 정도로
자신의 꿈보다 부모님들의 꿈에 이끌려 치열한 경쟁 속에서 살아간다.
세상의 흐름에 맡겨져 사랑받기 위해, 버려지지 않기 위해
자신들도 모르게 무장된 아이들의 억압된 가슴을 어찌한단 말인가!
아이들의 살아 있는 느낌을 듣고 싶다.

겨울안거 recipe 16

김치또띠아

재료

김치, 새송이버섯, 애호박, 파프리카, 치즈가루, 또띠아

양념재료

후추, 조림간장, 소금, 올리브유

만들기

1. 김치는 양념을 털어 내고 물기를 꼭 짠 다음 쫑쫑 썬다.
2. 새송이버섯, 파프리카, 애호박도 쫑쫑 썬다.
3. 준비된 재료를 팬에 올리브유를 두르고 볶고, 조림간장과 소금으로 간한 다음 후추를 뿌린다.
4. 각종 야채에서 물이 많이 나오므로 볶은 재료는 체에 받쳐 물기를 뺀다.
5. 또띠아를 깔고 치즈가루를 뿌린 다음 그 위에 체에 받쳐 둔 재료를 올리고 다시 치즈가루를 뿌려, 프라이팬에서 치즈가 녹을 때까지 익힌다.

우리의 생각이 누군가가 좋다 싫다라고 판단될 때, 자신을 냉철히 들여다보면
상대의 겉모습에 나의 제한된 의식이 작용하는 경우가 대부분이다.
나에게 잘해 주면 그 순간 좋은 사람이 되고,
나에게 서운하게 하면 그 순간 상대는 나쁜 사람이 된다.
나의 결핍된 부분이 상대의 어떤 부분과 작용을 하면
우리는 자신을 잃고 타인을 바로 보는 눈을 잃어버린다.
어찌 한 존재가 나의 온전하지 못한 어리석은 판단에
왔다 갔다 할 정도의 가치로밖에 자리하지 않는가?
관계 속에서 어려움을 겪을 때 남의 비난에 앞서,
각자의 내면에 자신의 어리석음을 스스로 용납하는 솔직한 자세가 더 중요하다.
무한히 쏟아지는 볕에 꼬들꼬들 잘 마른 무가 속은 한없이 부드럽다.

겨울안거 recipe 17

말린무양념조림

재료

무, 건표고버섯, 배즙

양념재료

생강, 고춧가루, 조청, 통깨, 채수, 조림간장

만들기

1. 무는 껍질을 벗기지 말고 솔로 흙을 잘 씻어 낸 다음, 2㎝ 정도 굵기로 동그랗게 썬다.
2. 동그랗게 썬 무를 채반에 널어 이틀 정도 반그늘에서 뒤집어 가며 잘 말린다.
3. 채수에 조림간장을 적당히 넣고 건표고버섯을 씻어 넣은 다음, 푹 끓인다.
4. 3번에 편생강과 고춧가루, 배즙, 조청, 통깨를 넣는다.
5. 양념이 완성되면 말린 무를 넣어 조린다.

김치는 한국인의 필수음식이면서도 가지고 다니기엔 불편한 음식이다.
말린 김치는 인도 성지순례로 만행을 떠날 때 지퍼백에 넣어 챙겨 가면
현지식을 즐기지 못하는 스님들에겐 남 부러울 게 없는 최고의 음식이 된다.

겨울안거 recipe 18

말린김치당면찌개

재료

말린김치, 당면, 감자, 생표고버섯, 팽이버섯, 홍고추

양념재료

채수, 집간장, 소금

만들기

1. 김치는 한 번 씻어 물기를 꼭 짠 다음 건조시킨다.
   (건조기에 고추를 말릴 때 한편에 같이 말리면 좋다.)
2. 당면은 잘라서 물에 불려 체에 건져 놓고, 감자는 깎아서 반달 모양으로 썬다.
3. 냄비에 채수를 붓고 감자를 넣은 다음 조금 익힌다.
   (시원한 국물을 원하면 매운 고추를 넣어 함께 우려도 좋다.)
4. 건조된 김치를 가위로 적당히 잘라 넣는다.
5. 김치가 익어 가면 표고버섯과 팽이버섯을 먼저 넣고, 끓으면 당면을 넣는다.
   부족한 간은 집간장과 소금을 사용한다.
6. 어슷 썬 홍고추를 넣어 마무리한다.

겨울안거 recipe 19

청국장배추찜

재료

배추, 건표고버섯, 감자전분

양념재료

청국장, 들기름, 조림간장, 후추, 생강즙, 소금, 포도씨유

만들기

1. 배추는 겉잎을 벗기고 깨끗이 씻어 찜솥에 약 10분간 찐 다음, 찬물에 헹궈 물기를 뺀다.
2. 건표고버섯은 물에 불려 물기를 제거하고, 잘게 썰어 들기름과 조림간장에 재워 놓았다가 포도씨유를 두르고 팬에 살짝 볶아 준다.
3. 배춧잎 사이사이에 표고버섯과 청국장을 차례대로 켜켜이 올린다.
4. 3번을 그릇에 담아 김이 오른 찜통에 15분 정도 찐다.
5. 팬에 그릇에 생긴 배추국물과 감자전분 풀어 놓은 물을 붓고, 생강즙과 후추, 소금을 이용해 소스를 만든다.
6. 찐 배추를 흐트러지지 않도록 적당한 크기로 썰어 그릇에 담고 그 위에 소스를 뿌린다.

청국장의 레시틴 성분은
몸 구석구석을 깨끗이 청소하는 역할을 해 준다.
우리들의 마음도 이처럼 티 없이 깨끗해졌으면 좋겠다.

겨울안거 recipe 20

돌솥김치밥

재료

쌀, 김치, 표고버섯, 검은깨, 호두, 콩

양념재료

채수, 들기름, 조림간장

만들기

1. 쌀은 씻어 냉장고에 넣어 둔다.
2. 잡곡은 충분히 불린 다음 체에 건진다.
3. 김치는 속을 털어 내고 살짝 짜서 쫑쫑 다진다.
4. 표고버섯은 다져서 들기름과 조림간장에 적당히 재워 두었다가 잘 볶는다.
5. 쌀에 불린 잡곡, 김치, 표고버섯을 잘 섞어 들기름을 살짝 바른 돌솥에 안치고 채수를 넣어 중불에 끓인다.
6. 밥물이 끓고 자작해지기 시작하면 약불로 낮춰 익히다 불을 끄고 15분 정도 뜸을 들인다.

이 몸과 마음을 떠나서 법法을 말한다는 건 그야말로 거짓이다.
그래서 어떠한 삶이 되었든 자신의 삶 속에서 그 법法을 찾지 못한다면,
그것 또한 몸만 살아 있지 정신은 죽은 삶이다.
어떤 수행법을 하기 때문에 수행을 잘 한다고 생각되는 그것이
나의 오만은 아닌지 진정으로 살펴야 한다.
자신이 진실이라 생각했던 것이 거짓이 될 때,
그때는 어느 누구도 탓할 수 없다는 것을….
뜸을 푹 들인 밥에서 그간의 향기가 그대로 묻어난다.

행자님은 오늘
아무도 없는 법당 앞을 지나다가
○을 보았습니다.
순간! 불쾌감과 함께 귀찮은 나머지
얼른 모른 척하고 지나쳐 버렸습니다.
에잇!

야~옹~
해탈이

이런저런 일과를 보내다가…
관세음
보오~살~~

행자님!
일을 왜
이렇게 해 놨어욧!
그대 앞에만 서면~~♪
나는 왜 작아지는가~♬

일파자동만파수
참으로 희한한 것이
오늘 스님이 나를 향해 일으킨 그 마음이
왜 해탈이 ○을 보고 불쾌해 한
내 마음의 결과인 것 같은지…
???

여러분들은 지금 이 순간
무슨 마음을 내고 계신가요?

스승이 된다는 건 기꺼이 제자의 번뇌가 된다는 것이다.

그리고 제자는 온전한 믿음 속에서 그 번뇌가 번뇌 아님을 볼 때

스승의 고통이 당신 혼자만의 무게가 아님을 알고

그 은혜에 조금이나마 보답하게 된다.

음식축제 소감문

주지스님! 여러분께 대단히 감사하고 싶습니다. Thank you Very much!!

-릭-

부처님 그림자 연못에 담긴 절. 천년사찰 불영사에서 몸에 좋은 음식에 정신 건강에 좋은 맑은 공기 마시고 참 행복합니다.

-해원심-

스님 사랑해요, 너무 사랑해요,
부처님 사랑해요, 너무 사랑해요.
밥이 너무 맛있어요.

안 놀러오면 아쉬울 거야~!!!
2학년 2반 박서영
재밌고 맛있는 다도체험 등산 등등.
너무 재미있는 게 많으니까!!!

먼저 수고하신 모든 분들께 감사드리며 제가 불영사 신도라는 것에 자부심도 느껴지는 하루네요. 멋진 음악과 함께 갖가지 음식들도 너무 행복합니다. 딸아이도 덩달아 신나 하니 너무 기분이 좋습니다.
엔도르핀 듬뿍^^

좋은 분들과 아름다운 곳을 방문하여 예쁜 추억을 만들고 갈 수 있도록 해 주심을 가슴 깊이 감사드리며 함께 오신 분들 항상 건강하시길 기원합니다.

불영사 스님들 감사합니다. 부처님, 우리 집안 식구, 마음 건강 육체 건강하게 하여 주시옵소서.

부처님 감사합니다. 임자생 박준형
취직하게 하여 주옵소서.
결혼하게 하여 주옵소서.

군인이라서 절을 찾을 기회가 없었는데
이번에 불영사를 찾게 되어서 영광입니다.

가을 햇살에 불영산사에 울려 퍼지는 문화향연은 천년고찰과 함께 넘 잘 어울려져 있습니다. 앞으로 전통문화로 계속 계승되기를 기원합니다.

일운 주지스님 너무 좋은 일 좋은 말씀 잘 듣고 감명 깊었습니다.

우리 가족 건강. 사업성취.
사랑하는 딸아이 취업성취.

행복하다는 생각이 절로 드는 날입니다. 말만 듣던 불영사. 직접 와 보고는 사찰음식에 또 한 번 놀랍니다. 가을 풍경과 어우러진 행복한 하루 보내고 갑니다. 고맙습니다.

불영사계곡의 아름다움에 세상의 말을 잃고 불영사의 웅장함에 부처님의 크신 뜻을 담습니다. 오시는 분 모두 건강하시고 뜻하는 맘 이뤄 가시는 소중한 시간 되세요.

음식을 보니 먹음직스럽습니다. 불영사에 오니 마음이 편해지고 꼭 고향에 온 것 같습니다. 매일 보았던 나무가 더 예뻐 보입니다.

불영사 산 좋고 공기 좋고 계절 또한 불타는 가을, 불영계곡의 물 흐름이 저리도 잘 흐르듯이 모든 일 저리 술술 잘 흘러가듯이 풀렸으면…. 넘치는 정 담고 갑니다.

사찰음식전시회 짱이에요. 불영사가 넘 좋다기에 큰맘 먹고 왔더니 정말 잘 온 것 같습니다. 부처님의 은덕입니다. 많이 발전하시며 불심 가득하시길 축원 드립니다.

-안양동회-

산 좋고 물 좋은 불영사.
산사음식 또한 죽여주는 감동이 있는 사찰.
다시 찾고 싶은 문화유산 또 다시 찾으리.

-영주시 풍리읍 이병호-

불영사 금강회 파이팅.

고즈넉한 산사에서 맛깔나고 정갈한 음식의 향연에 동참하신 사부대중과 음식 만들어 주신 모든 분들의 노고가 느껴집니다. 행복한 시간들 되시고 성불하십시오.

사찰음식이 이렇게 많은 줄 몰랐습니다.
이런 행사가 있어서 참 좋네요. 행복하세요. 불영사 두 번째 만남입니다. 언제나 그랬듯이 아름다운 극치에 빠져들어 이번 사찰음식 감동이었습니다. 맛있는 공양과 더불어 많은 것을 익히고 갑니다. 항상 맑은 계곡과 더불어 성불하십시오.
-응령사 신도 묘법향-

사찰음식은 모든 중생에게 생명과 건강을 위함이요. 웰빙음식으로 거듭나길 바라면서 모든 불자들이 건강하길 기원합니다. 감사합니다. 성불합시다. -자성-

입도 즐겁고 눈도 즐겁고 마음 또한 더없이 즐거웠노라. -수진사 신도 청련화 -

부처님 뵙는 순간 전율이 왔습니다. 여기 오신 모든 분들 부처님 덕 많이 받고 소원 발원 꼭 이루시길. -강원 고성 거진 엄선희-

귀한 음식 대접 받고 가는 기분이네요. 애들이랑 재밌고 즐겁게 구경하고 갑니다.
-후포에서-

화분 만들고 나니 너무 좋았다. 불영사는 정말~ 멋진 절이라고 생각한다. 사찰음식, 여러가지 체험 등 정말 재미있었다. 불영사 다음에 또 올게요!
-후포초등 3학년 1반 조용채 다녀감-

엄마랑 언니랑 지수 언니와 불영사를 갔다. 배고파서 밥을 먹었다. 그리고 차도 먹었다. 구경도 했다.^^ 행복하게 해 주세요!
-2학년 1반 조순미-

불영사에 처음 왔습니다. 깊은 산중에서 사찰음식축제를 보고 이것이 진정 웰빙이라는 생각이 들었습니다. 음식 맛있게 잘 먹고 갑니다. 봉사하시는 분들과 스님들께서 고생 많이 하신 것 같아서 고맙고 미안한 마음이 듭니다. 다시 한번 올 수 있도록 하겠습니다.
-최성숙-

우리 아들과 아이들 아빠 몸 건강하고 아픈 곳 없게 기원합니다. 두 딸들도 아프지 말고 언제나 씩씩하게 건강하기를 기원합니다.

설레는 맘으로 기대하고 불영사를 향했습니다. 정갈하고 맛난 음식을 접하고 나니 마음이 부자된 듯 행복합니다. 이 마음을 기억하며 하루하루 보낼 겁니다. 감사합니다.

불영사 보살님들의 따뜻한 마음 담뿍 담아 맛있게 먹고 즐거웠습니다. 감사합니다.
-봉녕사 정진화 드림-

가정에 행운과 건강을 위하여.
작년에도 다녀갔지만 올 때마다 다른 모습에 머리 숙여집니다. 우리나라와 국민 모두 건강하길 바랍니다.

너무 잘먹고 갑니다.

참으로 오랜만에 왔네요. 사찰음식 단백함이 참 좋았습니다. 맛있게 잘 먹고 갑니다.

수원 봉녕사에서도 사찰음식 대향연을 하였는데 불영사에서 사찰음식을 뷔페식으로 여러 가지 맛있게 먹고 여러모로 많이 배우고 갑니다. 감사합니다.

말로만 듣던 불영사, 산으로 포근히 둘러싸인 산사와 사찰음식이 멋지게 잘 어우러지네요. 한 가지 재료로 여러가지 음식을 개발할 수 있는 많은 공부 하고 갑니다. -사문-

너무나 감사히 잘 먹고 구경 잘하고 넉넉한 부처님 마음 배우고 갑니다. 특히 가지김치가 너무 인상적이었습니다.
-봉녕사 왕 보덕수-

설거지 대충 끝내고 서산에 지는 해를 보며 늦게나마 전시관 구경하고 소감문을 읽어 보니 피로감이 녹고 코가 찡해지는 것은 다녀가신 분들의 감사와 불영사의 고마움들이 내가 주인인 양 그저 고맙다는 생각이..
-합창단 고화-

부처님 사랑합니다. 스님들께서 어떤 음식을 먹는지 알 수 있게 됐어요.
-울진초 3학년 5반 백주은-

사찰음식이 이렇게 맛있다니!! 놀라워요.^^ 스님들의 음식 솜씨 짱!! 다른 분들께 많이 알리고 다음에 또 오겠습니다. -연향지-

부처님, 스님, 여러 신도님, 넘넘 감사합니다. 그리고 많이많이 행복하세요. 항상 마음이 너그러워지고 편안한 불영사입니다.

관세음보살님 염불의 소리 절로 숙연해지고 저의 마음도 오늘 하루 절로 신명이 나고 절로 고개 숙여지고 감사감사 또 감사의 마음을 전합니다. 스님 정말 감사합니다. 수고하셨습니다.

큰마음 가득 담고 갑니다. 불영사 잊지 못할 것입니다.

불영계곡 왔다가 못내 아쉬워 여기 불영사에 왔는데 참 좋네요. 나무들이 너무 멋져요. -창원에서 온 가족-

스님! 말로만 듣던 사찰입니다.
우리 아들 소원성취.

청아한 솔향기와 함께한 진솔한 음식들. 진시방법계의 모든 은혜에 공양 올리는 마음 감사합니다. 모든 생명에 감사 행복 편안하옵소서. -성봉 합장-

불영사에서 음식도 먹고 즐겼다. 참 재미있다. 또 물도 먹고 종이에 글도 적고 참 많은 걸 적었다.

무심코 왔던 불영사. 이렇게 마음에 그리움을 남기게 될 줄 몰랐습니다. 맛있는 공양, 사찰음식 향연회. 산속에 아늑히 자리한 법당. 더이상 이보다 좋은 극락이 있을까요. 감사합니다. 스님, 봉사자 여러분.

많은 이들을 행복하게 하는 기회입니다. 많은 이들의 수고로움이 빛을 발할 수 있는 자리를 마련해 주심에도 감사 감사. 식전 미리 다녀가는 이들에게도 전시 관람, 작은 식사 제공은 어떠신지.

산 위의 부처님 물속의 부처님 수많은 부처님을 눈으로 귀로 마음으로 모시고 갑니다. 성불하소서. -慈海心-

설재학 가족 다녀갑니다. 모처럼 나들이 삼아 나와 좋은 경치, 좋은 공기, 인자하신 부처님 뵈니 아주 좋습니다. 바라던 원하던 일 이루게 힘써 주세요.

올 때는 오는 길이 토할 것 같아서 괜히 왔다고 생각했는데 오니까 재미있고 신기했다. -북면 김지현-

스님 사랑해요. 그리고 좋아해요. 너무너무 좋아요. 부처님 사랑해요. 그리고 두부가 너무 맛있어요. 스님이 만들어줘서 맛있어요. -장세정-

여기 오니까 편안해지는 느낌도 들고 내가 좋아하는 스님들도 만나니까 좋았다. 사람이 북적북적하고 지린내도 나긴 했지만 활기차서 좋았다. 부처님이 내가 평범하게 살게 해주셨으면 좋겠다.
-울진초등학교 손진혁-

불영에 동참할 수 있음에 두손 모으고 모두가 행복할 수 있음에 감사하고 부처님이 함께 하심에 더욱더 감사하고 행복하고...
모두 부처님 되십시오! 성불!!!
-보현 씀-

눈 코 입 그리고 마음으로도 먹고 갑니다. 가을하늘 닮은 맑은 음식들 고맙습니다.

참 맛나게 잘 먹고 갑니다. 평생에 잊지 못할 것 같습니다. 감사합니다. -청정성-

가정에 행복과 건강이 함께 하기를 빕니다.

음식구경이 너무 재미있었다. -정혜리-

강릉&원주에서 다녀갑니다.^^ 뜻깊은 행사에 오게 되어 너무 행복합니다. 감사합니다.

감탄이 절로 나오네요.^^ 정성스런 200가지 사찰음식 그리고 점심공양 정말 맛있었습니다. 봉사자들도 수고 많으셨어요. 불영사와 모든 불자님들 소원성취하소서.
-수원 봉녕사 신도-

입도 즐겁고 마음도 즐거우며 발걸음 가볍게 다도체험 다식 웃김. 정말 새로웠음. 다음회에 또 만나길.

불영사가 두번째인 저에게는 특별한 인연을 맺게하는 곳이었습니다. 오늘 산사음악회 늦었지요. 이 조용하게 깔려 흐르는 관세음보살 음악에 많은 것을 느끼고 갑니다. 감사합니다.

생각지도 않게 왔다. 정말 좋은 구경 그리고 정말 좋은 음식 잘 보고 잘 먹고 돌아갑니다. 나날이 번창하는 불영사가 되고 이 세상 모든 분들... 숨쉴 때마다 행복하시길.
-경주에서 주영이가, 현정이랑-

우리 모든 이들의 건강하고 행복한 삶을 위해 사찰을 찾는 우리 식구, 항상 건강하기를 기원합니다. 임수성, 임수진, 임수년, 임인오, 이정임, 이애자.

처음 먹어본 사찰음식 맛있었어요. 조용하고 예쁘고. 일 때문에 왔지만 또 찾고 싶은 곳!

불영사. 15년전쯤 불영사 처음 방문했는데 불영사 변화. 오늘 산사음악회와 사찰음식 진열한 것을 보니 마음이 너무 평화롭다. 나와 같이 온 보살님은 지금도 108배 중이다. 성불하소서.

자연을 닮은 음식과 차와 문화향연을 느끼게 해주심을 감사드립니다. 준비하고 봉사하시는 여러분의 마음을 느끼며 불영사의 깊어가는 가을이 모든 이에게 행복과 축복의 시간 되시길 바랍니다. -울진읍-

저희 가정에 행운과 온가족이 몸 건강하길 빕니다. -김재순-

스스로를 볼 수 있는, 보는 순간 또 "아차" 하는 곳 이곳에 있는 모든 이는 행복합니다.

10월의 아름답게 물든 산세를 보며 불영사를 처음 찾아왔어요. 음식대향연 대단하고 음식도 맛나게 먹었습니다. 기억에 남습니다. -봉녕사 견성화-

가을 햇살 아래 정성스럽게 마련한 불영사의 음식을 먹으니 몸과 마음이 깨끗하게 정화되는 듯합니다. 이 귀한 음식을 준비하시느라 애쓰신 분들께 진심으로 감사드리며 좋은 추억으로 남게 되어 행복합니다.
-성민 엄마-

좋은소리, 물, 바람, 산, 흙, 그리고 마음까지 받아갑니다. 감사합니다.
-오순주 배상-

2011년 10월 19일 수학여행으로 서울을 간다. 거기서 행복하고 친구들과 사이좋게 지낼 수 있고 즐겁고 상처없고 안전하고 또 싸움이 안 날 수 있도록 했으면 감사하겠습니다. 그리고 겨울방학 때 가는 필리핀도 무사히 갈 수 있고 즐겁게 지냈으면 좋겠습니다.^^ 그리고 항상 건강하고 가족들과 싸우지 않고 친구들과 사이좋게 지내고 우리 파워레인저~ 4총사 우정 영원하고 11월 11일 빼빼로 많이 받았으면 좋겠고 그날에 백임제도 하는데 거기서 So Cool 잘 할 수 있도록 1,2등 하도록 해주었으면 감사하겠습니다. 그리고 친구, 선생님, 가족들 정말 사랑하고 건강했으면 좋겠습니다. 이 소원이 부디 이루어졌으면 좋겠습니다.

행복하게 지낼 수 있게 해주세요.

신기한 음식이 많아서 신기했습니다.
소원은 불경을 해보고 도자기를 만드는 것입니다.
-죽변초등학교 1학년 2반 23번 조서연-

먼저 감사드립니다. 처음 찾아 오는 불영사 사찰음식 정말 대단하네요. 다음에 꼭 또 올게요. -행복을 주는 사람이-

불영사의 사찰음식과 레시피 어울릴 것 같지 않지만 멋진 표현입니다. '레시피' 그 속에 담겨 있는 만들어가는 비법, 그곳에 담긴 재료의 신선함과 만들어가는 과정의 정성, 감사한 마음으로 함께 나누어 먹는다면 다른 보약이 있을까? 그리고 이어지는 산사음악회.. 불영사 파이팅. 울진 파이팅입니다.
-KB울진지점장 문종선-

생전 처음 산사음악회에 참여하게 되었고 처음 보는 음식들과 산사에서 행해지는 음악회가 너무 이색적이었습니다. 많은 것을 배웠고, 다시 한번 내 삶의 질을 생각하게 만드는 계기가 되었습니다. 가족들의 건강을 다시 한번 챙기게 되었습니다. 모든 음식 하나하나에 온갖 정성이 들어 있어 그 마음의 맛을 깊이깊이 음미하고 갑니다.
다음 해는 더 많은 사람들께 홍보하여 다같이 참여하고 진심어린 마음을 전하도록 하겠습니다. 마음의 찌꺼기를 조금이나마 정화하게 된 것에 깊이 감사드립니다. 모든 스님들 고생하셨습니다.

맛있는 밥 많이 주셔서
thank you so much! -maya-

모두를 담는 빈 그릇

사실 스님들의 생활은 처음부터 끝까지 혼자서 무엇을 하기보다 '함께'인 것이 대부분입니다. 그러다 보니 편집을 맡으면서도 김치에 대한 전문적인 지식을 전하기에는 부족함이 많은 걸 느꼈습니다. 하지만, 숨쉬는 것만큼이나 우리의 삶에 너무도 당연시 자리 잡고 있는 밥 먹는 시간을 자신들의 마음을 돌아보는 시간으로 정해 보면 얼마나 그 순간을 더 소중히 할 수 있을까 하고 생각해 보았습니다.

작년 어느 날, 요리라고는 아무것도 모르는 저에게 참으로 용기나고 신나는 일이 있었습니다. 대중스님들을 위해 반찬을 한 가지 더 만들고 싶었는데, 그 마음만 산더미 같고 정작 눈앞에 놓인 건 몇 시간을 공들였는데도 이 맛도 저 맛도 안 나는 소스와 양상추뿐이었습니다. 좋다 싶은 건 다 넣었는데, 원하는 맛은 분명 아니었습니다.